U0200215

福建福州欧阳花厅建筑群修缮与保护研究

（第一辑）

朱宇华　著

学苑出版社

图书在版编目（CIP）数据

福建福州欧阳花厅建筑群修缮与保护研究．第一辑 /
朱宇华著．-- 北京：学苑出版社，2022.7

ISBN 978-7-5077-6458-1

Ⅰ.① 福… Ⅱ.① 朱… Ⅲ.① 民居—古建筑—修缮加
固—研究—福州—清代 Ⅳ.① TU746.3

中国版本图书馆 CIP 数据核字（2022）第 126380 号

出 版 人：洪文雄
责任编辑：周 鼎 魏 桦
出版发行：学苑出版社
社　　　址：北京市丰台区南方庄2号院1号楼
邮政编码：100079
网　　　址：www.book001.com
电子信箱：xueyuanpress@163.com
联系电话：010-67601101（营销部）、010-67603091（总编室）
经　　　销：全国新华书店
印 刷 厂：英格拉姆印刷(固安)有限公司
开本尺寸：889×1194　1/16
印　　　张：24
字　　　数：272千字
版　　　次：2022年7月第1版
印　　　次：2022年7月第1次印刷
定　　　价：600.00元

前言

福州"三坊七巷"位于福州市鼓楼区，是福州历史文化名城的核心部分。它是中国近代现代化进程的非常重要的历史见证。大量中国晚清至近代历史上著名的名臣、志士、诗人、启蒙思想家、民主革命烈士、近代实业家的思想、业绩与成就构成了"三坊七巷"历史文化的重要组成，使其成为福州人文精神的传承地，也是福州城市精神的代表。

同时，"三坊七巷"历史街区以"朱紫坊""衣锦坊"为主的街巷和交错屈曲的支巷共同组构出棋盘状的街巷格局，是我国古代城坊建设历史的活化石，也是古代城市管理的重要典范，对我国古代城市规划管理的研究有重要的科学价值。

"三坊七巷"历史街区集中保留了大量规格较高、特色鲜明、保存完好的明清至民国时期的古建筑。现有文物保护单位 28 处，其中全国重点文物保护单位 9 处，省级文物保护单位 8 处，市级文物保护单位 2 处，区级文物保护单位 1 处，市级挂牌文保单位 8 处。"三坊七巷"建筑群及街巷是研究闽东地方民居建筑的主要基地。

欧阳氏民居，位于"三坊七巷"的衣锦坊 29、31、33、35 号。据欧阳家族谱记载：建筑始建于清乾隆年间，清光绪十六年 (1890 年) 重修。晚清、民国时期，分别由福州船政海军将领和地方富商居住。整个建筑群坐南向北，从东向西由高大的封火墙划分为三组建筑院落，每组院落由一系列南北向沿轴线排列的建筑和天井组成。欧阳花厅建筑群整体格局保存完好。具有传统民居中特殊的审美意境，体现较高的艺术价值和浓郁的装饰特色。1991 年公布为福州市挂牌文物保护单位，2001 年公布为全国重点文物保护单位。

2006 年，清华大学建筑设计研究院受福州市文物管理部门委托，对福州市三坊七巷历史街区中的欧阳花厅古民居建筑的现存状况进行了全面勘测调查。在福建省文物部门和福州市规划设计部门的协助下，全面开展对欧阳花厅古民居建筑群的测绘。这也是当时"三坊七巷"历史街区整体保护工作中具体落地的第一项古建筑调查与修缮工程。欧阳花厅大木构件用料讲究，小木装修极其丰富细腻，深刻地打动着参与该项工程的每一个人。勘察设计团队不仅完成了完整的测绘工作，同时也详细记录了各建筑组群的残损现状。按照国家文物修缮工程要求，通过经过对残损现状的评估分析，制定了针对性的修缮设计方案。

本书从工程记录的角度，对十多年前的此项调查和修缮设计工作进行详细归纳和总结。这是福州"三坊七巷"修缮工程中第一项开展完整测绘和修缮记录的工程。无论是单体建筑，还是独立院落，都采用了单独编号的方式，对后续的测绘和修缮工程起到的示范作用。工程实施在坚持最小干预、病害治理和风貌修复方面积累了详细的经验，经过研究整理，现将当初的成果结集出版，为福州民居保留一份重要的记录，为后续同类工程提供参考借鉴。

由于图书篇幅所限，第一辑包括中落组群建筑的相关内容。

目录

研究篇

勘察篇

设计篇

研究篇

第一章　综合概况

　　福建省福州市三坊七巷是福州城区弥足珍贵、保存完整的历史文化街区，也是中国南方古代城市里坊制度的典型代表。坊巷内部保留了大量的明清古建筑，建筑风貌独特、结构完整、建造工艺精湛，是福建明清古建筑的精品范例。又因其历史悠久，近代名人辈出，影响深远，人文内涵丰厚，具有很高的文物价值。

　　欧阳花厅位于三坊七巷的衣锦坊，是典型的福州清代民居，保存状况较好，建筑始建于清乾隆年间（1736年～1795年），清光绪十六年（1890年）重修。1991年，被公布为福州市挂牌文物保护单位，2001年，被公布为全国重点文物保护单位。整座

欧阳花厅鸟瞰

建筑群坐南向北，从东向西由高大的封火墙划分为四组建筑院落，即东落、中落、西落、西外落，分别为 29 号、31 号、33 号、35 号四户所有，每组院落由一系列南北向沿轴线排列的建筑和天井组成，建筑结构采用穿斗式木构架。

一、历史沿革

（一）三坊七巷的历史

三坊七巷在福州市鼓楼区古城西侧，原属侯官县境，三坊是：衣锦坊、文儒坊、光禄坊；七巷是：杨桥巷、郎官巷、塔巷、黄巷、安民巷、宫巷、吉庇巷。三坊七巷的范围南起安泰河沿（唐利涉门），北至杨桥巷，东以南大街为界，西抵西护城河（今安泰河）。

从地理区位上看，三坊七巷位于福州市中心最繁华的东街口的西南部，向西至白马河，南至乌石山，东面紧邻南街（八一七中路），北面紧邻杨桥路。周边有朱紫坊历史文化保护区，乌山、于山历史风貌区及五一广场等文化场所。

从历史文化区位看，三坊七巷紧邻福州传统历史中轴线，与福州另一个全国知名的历史街区朱紫坊街区，以及乌山、于山历史风貌区均相去不远，通过三坊七巷保护规划的带动，有助于福州古城风貌和城市文化的复兴。

从交通区位上分析，本区周边城市主次干道汇集。北、东分别与两条城市主要生活性干道——杨桥路和八一七路相邻，南与古田路、西与白马路相去不远，对外机动车交通较为便捷。同时，由于临近城市商业中心，周边公交线路密集，公共交通十分方便。

从三坊七巷所在的东街口地区未来的功能发展定位上分析，三坊七巷作为东街口商圈的重要组成部分和古城信息最为完整的区域，属于福州的游憩商业中心区。

整个三坊七巷居委会分为：三坊社区（衣锦坊、文儒坊、光禄坊范围）和七巷社区（即杨桥巷、郎官巷、塔巷、黄巷、安民巷、宫巷、吉庇巷范围）。

衣锦坊，位于南后街西侧，西接通湖路馆驿桥，中间有闽山巷，南通文儒坊；有雅道巷连双抛桥，且与柏林坊、水流湾相通。宋宣和年间（1119 年～1125 年），御史中丞陆蕴、列曹侍郎陆藻兄弟相继"典乡郡"，遂名"棣锦坊"。宋淳熙进士、江东提刑王益祥致仕后居此,改今名。

文儒坊,位于南后街西侧,西端通金斗门桥河沿,原名山阴巷,后改儒林坊。宋时海滨四先生之一、国子监祭酒郑穆居此,改称文儒坊。

光禄坊,位于南后街西,东端跨街通吉庇路,西通花仓前。坊内有玉尺山,宋光禄卿程师孟知福州,常到坊中闽山法祥寺游览、吟诗,镌刻"光禄吟台"于石上,遂名光禄坊。

杨桥巷,位于南后街东,旧名右通衢。宋宣和间,更名春风楼,一名丰盈坊,后改登俊坊,又以其西通杨桥,称杨桥巷。20世纪60年代扩建为杨桥路。

郎官巷,宋代刘涛居此,其子孙数代皆为郎官,故名。

塔巷,原名修文巷,宋时改称兴文巷、文兴巷,又以闽国时(909年~945年)建阿育王塔于巷北而改今名。

黄巷,西通衣锦坊,因晋永嘉年间,黄姓避乱入闽居此,而得名。宋时改名新美坊,又称新美里。

安民巷,旧名锡类坊,宋代因刘藻以孝闻,朝廷诏赐粟帛旌奖,因号"锡类"。后太宰余深居此,改名"元台育德"。元代,福建省都事贾讷居此,其母贞节,改名贞节坊。巷之今名由来是黄巢义军入城至此,出告示安民,故称。

宫巷,西通南后街,因巷中有紫极宫,故名宫巷,旧名仙居里。后因巷中崔、李二姓显贵,更名聚英,明代改为英达。

吉庇巷,南街和南后街之间,东通津泰路,西接光禄坊,南傍安泰河。原称"急避巷",后因谐音,改为吉庇巷,含吉祥如意之义。

三坊七巷最早形成于晋代。淳熙《三山志·罗城坊巷》载:"新美坊(旧黄巷)。晋永嘉南渡,黄氏之居此……"黄巷就是七巷之一;又一则"道山坊(以道山亭名之,内有道士井)。初,晋时林氏入闽,又华阳道士谓之曰:可凿井于南山下,遇磐石则止。乃如其言……泉遂涌,至今不涸"。道山坊在三坊七巷南面乌石山北坡,道士井在永柞社(道山坊内),至今尚存;清乾隆《福州府志》引宋路振《九国志》载:"晋永嘉二年(308年),中州板荡,衣冠始入闽者八族,林、黄、陈、郑、詹、邱、何、胡是也。"历史上称之为"衣冠南渡",说明有大量的北方汉人入闽。以上记述,都说明晋永嘉年间,诸多南来贵族、士人聚居于晋安郡郡治子城周围。也是子城外坊巷兴起的佐证。也是关于三坊七巷最早记载。

到了唐昭宗天复年间（901年～904年），出于"守地养民"的目的，闽王王审知修筑罗城。罗城的分区布局以大航桥河为分界，政治中心与贵族居住区位于城北，平民居住区及商业经济区位于城南。同时，强调中轴对称，城北中轴大道两侧辟为衙署，城南中轴两边，分段围筑高墙，这些居民区成为坊、巷之始，形成了今日的三坊七巷。当时三坊七巷中已经有如唐崇文阁校书朗黄璞等大学士在其中居住了。

宋朝时，由于城池不断扩建，三坊七巷已经逐步位于城市的中心。宋代梁克家编撰的《三山志·罗城坊巷》就明确地列述三坊七巷中三坊六巷。表明宋代三坊七巷的现在的格局已经形成。同时相关的记载中也能看到众多名人也陆续居住在三坊七巷内，如陆蕴、陆藻、郑穆、郑性之等都先后居住在三坊七巷内。

1993年8月，福建省和福州市考古队联合普查了三坊七巷，并在衣锦坊西北边缘的柏林坊进行探查性质的考古发掘，出土了大量唐、宋时期生活用具的瓷片等实物，印证了上述文献的记述。以此推断，三坊七巷的沿起，应是西晋末永嘉年间（307年～311年），历经东晋、隋、唐、五代的拓展，至宋代已经定型并沿袭至今。

三坊七巷到了明清时期，特别是晚清时期，是其发展的鼎盛时期。现存的大量的优秀建筑都是这个时期形成的。这时的三坊七巷周围形成了侯官衙、圣庙、学府、抚院使署等官方建筑和场所。区位的优势和原本一贯以来为贵族和士大夫聚居地的传统，吸引更多的贵族和士大夫来此居住。在这样一个氛围的影响下，众多名人也不断从三坊七巷中涌现出来，如林则徐、严复、沈葆桢、林旭、林觉民等对中国的近现代史都产生了重要的影响。可以说晚清时期的三坊七巷的人文意义和建筑意义都发展到了其鼎盛时期。

到了民国以后，由于交通方式的改变和居民的需求，对三坊七巷内的杨桥路、吉庇路、南后街，以及光禄坊进行了拓宽，并修建了通湖路，三坊七巷的格局遭到一定程度的破坏。通过拓宽，南后街逐步成为福州城中较为重要的商业街，杨桥路也成为一条城市的主干道。

进入20世纪90年代后，随着福州城市快速的现代化发展，城市发展的大规模建设与三坊七巷历史街区文化遗产的保护产生了一定冲突，部分现代建筑，尤其是高层建筑侵入三坊七巷街区，对街区的历史风貌保护造成一定破坏，其中衣锦坊北侧已被基本拆除，雅道巷和大、小水流湾等重要传统街巷空间消失，市级挂牌保护单位翁良疏故居也被拆除。同时，沿杨桥路地块逐步被蚕食改造，林旭故居等先后被拆建为三友大厦等多层、高层建筑，三坊七巷的风貌格局受到一定的影响。

（二）欧阳花厅历史沿革

衣锦坊旧名通潮巷，宋宣和年间（1119 年～1125 年），陆蕴、陆藻兄弟才华横溢，名重一时，兄官至御史中丞，后任福州知府，弟以列曹侍郎出知泉州，二人相会故乡，命名居地为棣锦坊。南宋淳熙年间（1174 年～1189 年），王益祥任江东提刑，仕归居此，才正式命名为衣锦坊。坊内有闽山巷、洗银营、柏林坊等。

王益祥故居在坊末端，今通湖路旁，称为王膺园。明代都御史林廷玉等故居都在坊内。山巷内有闽山境，是明、清两代灯会，迎神最热闹的地区。"街头宝炬夜初开，一曲新词怪底佳人为装束，闽山庙里看灯来。"这是当年吟咏灯会的诗章。洗银营 2-3 号是末民初书法家、汉奸、伪满州国总理郑孝青的故居。

衣锦坊西通馆释桥，东接南后街，坊长 395 米，宽 4 米至 6.5 米不等，原是杂石路面，1968 年东段铺三和圭，西段铺规格石，1978 年东段改铺沥青路面，宽 4 米。至 1990 年末，坊内还有保存较好的明、清代故居 20 多座。

欧阳花厅由衣锦坊 29 号、31 号、33 号、35 号四户组成，清初由闽清地区一位郑姓盐商建造。至清末光绪年间（1875 年～1908 年），家族破败，大宅子陆续被转卖给四户人家。其中主落和花厅（衣锦坊 31 号）被欧阳氏家族所有。据欧阳家谱记载，清朝末年，闽侯县欧阳琪与欧阳玖两兄弟进入福州钱庄学徒，逐步通过辛苦创业，最终接管了英国人创办的屈臣氏西药房，并陆续在福州市内开了屈臣氏西药房连锁店。光绪十六年（1890 年），两兄弟买下了主落和花厅，并进行了修缮，传承至今。现在欧阳氏的诸多后人依然生活在祖宅内，特别是花厅的主人——欧阳敏姐妹，多年以来一直遵循"只许住、不许租、不许卖"的祖训，精心照顾老宅，使得花厅得以完整保存。东落建筑（衣锦坊 29 号）为戴氏家族所拥有，戴氏家族于明代由河南固始迁到福州，至第三代戴桐憔、戴锡侯兄弟两人于 1913 年从郑姓盐商家族手中以 7000 两白银购得东落院子，戴桐憔（1870 年～1944 年）、戴锡侯（1868 年～1931 年）二人均从福州船政学堂毕业，分别任福建水师中海军管带和舰长，参加过甲午海战。第四代戴朝钟、第五代戴循都在清末和民国时期担任海军职务。目前东落院的房主戴熙咸是戴氏家第六代，半退休状态，闲暇时以修钟表为营生。其他两户（衣锦坊 33 号、35 号）也基本上是在清末和民国时期由各自祖先购置，传承下来。2001年衣锦坊29号、31号、33号、35号四户作为福州三坊七巷保存较完好，风貌较典型的一套清代古民居2006年被国务公布成为第五批全国重点文物保护单位。

二、总体布局

欧阳花厅位于衣锦坊尽端，沿坊内道路南侧一字排开，分别是衣锦坊29号、31号、33号、35号四户。这四户人家的建筑是一个整体，从东向西由高大的封火墙划分为四组建筑院落，分别为东落（DL）、中落（ZL）、西落（XL）、西外落（XWL），每一落都是南北轴向布局的建筑群，其中中落（ZL）是整个建筑群最主要也是规模最大的建筑院落，东落（DL）和西落（XL）配属在中落两侧，与中落共用两侧的封火山

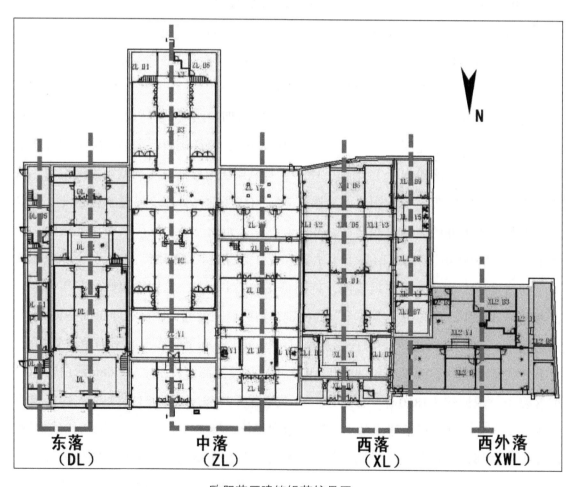

欧阳花厅建筑组落编号图

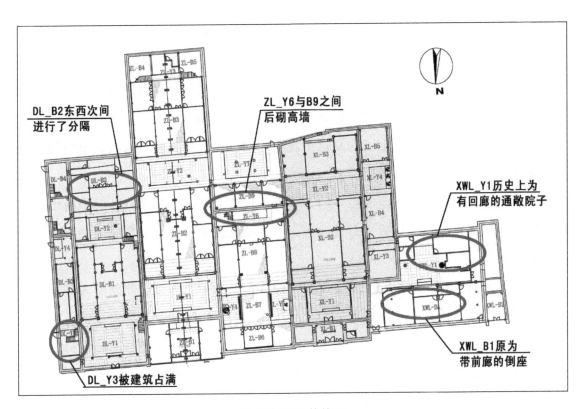

欧阳花厅现状格局

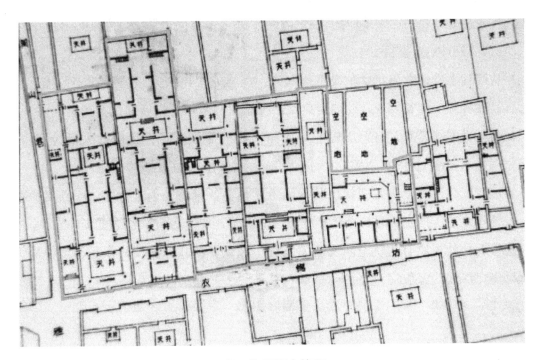

欧阳花厅历史格局

墙，墙下设小门洞彼此相通。西外落（XWL）紧邻西落外，为一个不规则的独立小院子，历史上为整套民居的附属院。东落（DL）、中落（ZL）、西落（XL）是整个民居的主体，每一落都由左右两条轴线构成，分别为主进建筑院落和附属建筑院落。其中中落（ZL）为欧阳家族所有，其附属建筑院落（花厅）规模较大，保存完整，艺术价值突出。欧阳花厅的名称实际上指的是这个花厅，现在用来指代公布为国保单位的整组民居建筑。

历史调查，欧阳花厅从建成至今约 300 年，总体上格局保存完好，但是由于不同时期使用者的需求不同，也曾进行过改造。由于缺乏相关的记录材料，这些改造活动大部分不得而知。

从欧阳家获取一张欧阳花厅总平面图的照片，据欧阳家人言，此图纸为其海外亲戚上 20 世纪 50 年代在一本杂志上翻拍，从照片上看，测绘图主要集中反映了欧阳花厅三个组落（东落、中落、西落）的内部平面格局，将此总平面和目前的格局进行比较，可以发现总体上，欧阳花厅的格局保存尚好，但也存在以下明显变化。

1. 原来为院子的地方，现在增建了大量房屋，有些已经把整个院子占据。比如 DL-Y3 目前所见为一处建筑。

2. 各主座建筑的左右次间内多添置隔断，进行了空间分隔。比如 DL-B2、ZL-B2 的东西次间被分隔成南北两间。

3. 从照片上看，欧阳花厅轴线组落上 ZL-Y6 与 ZL-B9 之间历史上没有隔墙，目前所见有高墙隔开，调查发现，此墙为典型传统做法，不似近代后砌，不知何故。

4. 西外落院（XWL-Y1）历史上为两面回廊的通敞院子，目前被大量砖房占据，难辨原貌。从图纸上可知，XWL-B1 原为有宽大前廊的倒座建筑。

从这些变化中可以大致窥探出其原因主要是，各家的人丁繁衍导致不断对原有建筑进行分隔改造，扩充房间数量，并进而占据院子，加盖房屋以容纳更多的人口。

这种变化使得原有建筑空间院落关系逐步被破坏，并随着代代累积，最终成为目前所见多户居住的大杂院。

第二章 综合评估

一、价值评估

三坊七巷建筑群是福州古建筑精华集中的区域，素来享有"明清建筑博物馆"的美誉。其建筑包括名人故居、园林建筑、民居建筑三大类。其中欧阳花厅就是福州古民居建筑的代表。通过对三坊七巷的历史及欧阳氏花厅历史的调查，我们发现欧阳花厅具有以下方面的价值点。

1. 欧阳氏花厅是三坊七巷历史格局的一部分，真实地反映了建筑与街区格局的原有关系，具有重要的历史价值。

2. 欧阳氏花厅在清朝初由闽清财东建造，后来又分别由清代、民国的海军将领和福州富商居住，历史内容丰富且反映了我国一段重要的近代历史，具有重要的历史价值。

3. 欧阳氏花厅建筑格局保存完好，在三坊七巷建筑中保存情况较好，完整地反映了福州清代古民居的特色。

4. 欧阳氏花厅建筑采用穿斗式木构架，双坡屋顶，鞍式封火山墙及附属花厅的格局，具有浓郁的地方建筑特色，具有一定的研究价值。

5. 欧阳氏花厅建筑内庭院艺术形式丰富，石铺天井，绿植攀墁，具有传统民居中特殊的审美意境，具有较高的艺术和研究价值。

6. 欧阳氏花厅室内装修和木构件细部造型细腻，传统寓意丰富，具有独特的研究和审美价值。

7. 欧阳氏花厅建筑对于体现福州历史文化、传承古代文明、进行爱国主义教育和促进文化产业的发展具有重要的现实意义。

根据《中国文物保护法》和《中国文物古迹保护准则》中定义，对欧阳氏花厅的价值分为历史、艺术、科学和其他价值四个方面进行评价。

欧阳氏花厅文物价值评定表

价值论述	符合《准则》条目	历史	艺术	科学	其他
1. 欧阳氏花厅是三坊七巷历史格局的一部分，真实地反映了建筑与街区格局的原有关系，具有重要的历史价值。	2.3.1	●			
2. 欧阳氏花厅在清朝初由闽清财东建造，后来分别由清代、民国的海军将领和富商居住，历史内容丰富且反映了我国一段重要的近代历史。具有重要的历史价值。	2.3.1	●			
3. 欧阳氏花厅建筑格局保存完好，在三坊七巷建筑中保存情况较好，完整地反映了福州清代古民居的特色。	2.3.1 2.3.3	●		●	
4. 欧阳氏花厅建筑采用穿斗式木构架，双坡顶，鞍式封火山墙以及附属花厅的格局，具有浓郁的地方建筑特色，具有一定的研究价值。	2.3.2 2.3.3		●	●	
5. 欧阳氏花厅建筑内庭院艺术丰富，石铺天井，绿植攀墁，具有传统民居中特殊的审美意境，具有较高的艺术和研究价值。	2.3.2 2.3.3		●	●	
6. 欧阳氏花厅室内装修和木构件细部造型细腻，传统寓意丰富。具有独特的研究和审美价值。	2.3.2 2.3.3		●	●	
7. 欧阳氏花厅建筑对于体现福州历史文化，传承古代文明，进行爱国主义教育和促进文化产业的发展具有重要的现实意义。					●

二、管理评估

作为全国重点文物保护单位，欧阳花厅的管理工作由福州市文物局负责，但是由于欧阳花厅至今仍有住户居住，对房屋的使用和日常管理仍主要由住户自己承担。由于年代久远，各家人丁繁衍，居住混杂，欧阳花厅的各组院落基本上都成为大杂院。由于房间的短缺和现代生活的需要，各住户在房屋院落中加建新建现象普遍，对室内也进行现代装修改造，而无人居住的房屋由于无人管理，房屋构架和门窗等构件出现大量虫蛀、雨水糟朽等病害现象。总体上没有实现对文物建筑的有效保护和管理。根据《三坊七巷历史文化保护区国家级文物保护规划》的要求，欧阳花厅古民居将划为文物古迹用地，划归文物部门统一管理，欧阳花厅将会按照全国重点文物保护单位的管理要求，完善"四有"工作，建立对文物建筑的保护和管理。

勘察篇

第一章　文物本体残损分析

欧阳花厅保存现状基本尚好，无严重坍塌情况，但由于年代久远，加上雨水侵蚀、生物破坏、自然老化、人为改建等自然和人为因素，该建筑仍在多方面存在残损现象，主要表现在内外墙体歪闪剥蚀，木结构开裂糟朽，虫害，屋顶渗水，门窗构造和装饰构造遗失、损坏、变形等。

一、基本问题综述

（一）人为改建问题

欧阳花厅存在明显且大量的人为改建问题，主要包括局部房屋的空间改造和门窗装修改造以及加建房屋等。各建筑和院子的人为改建情况总体如下：

1. 基本上主要院落的回廊下都被加建红砖房，有点院落甚至拆除回廊加盖砖房。

2. 主要建筑的明间均被完全或部分占用，用临时性的木板或红砖隔出房间。

3. 大部分建筑的次间内部多进行了不同程度的现代化室内装修改造。

4. 除欧阳花厅院子外，其他组落建筑的传统门窗多被改换为简易的现代形式。

5. 部分房间的地面改用水泥甚至铺上现代地砖，而非传统的木板地面。

6. 许多建筑的屋顶因室内做夹层而被改造，成一个个突出屋面的大老虎窗。

对于以上人为改建的部分将根据具体情况进行处理，尽量去除后来添加的内容，恢复原有空间格局，把已改的构件形式或做法重新恢复为原有样式。

（二）整体构架归安加固问题

由于年久失修，欧阳花厅建筑整体构架中柱子与穿枋，柱子与檩子，墙体与檩子之间，以及其他各种结构构件之间的连接出现松动、拔榫、扭曲、变形的现象，虽然目前没有出现险情，仍应采取打牮拨正的方式对每栋房屋的整体木构架进行归安加固，对于墙体与木构架之间的连接问题应根据实际情况采取重新补砌或铁活加固等措施。

（三）建筑防虫防腐问题

欧阳花厅建筑中柱子、木梁、檩椽、门窗等木构件均存在不同程度的虫蛀痕迹，檩椽和柱子根部存在较多的雨水腐朽现象。对于这些原有的木构件，无论大木结构还是小木装修需要进行统一的防虫防腐处理和日常保养维护。

（四）基础设施问题

由于居民长期在欧阳花厅中生活，供水供电等基础设施缺乏统一的设计。电线直接在木构建筑内架设穿行，严重影响木构架完整性及安全性。生活用水从市政管线接入屋内后，居民多根据各自使用情况砌筑洗水台，管线破坏原有地面和墙体现象较多，严重影响原有地面和墙体的完整性和安全性。市政排水设施情况不明，目前各家仍是通过院子自然排渗。

应根据日后的使用情况统一进行基础设施的设计与施工，并加强日常检查和管理。

二、结构问题综述

（一）木结构问题

欧阳花厅木结构问题主要分为木柱问题、檩枋问题、椽望问题等。木柱主要问题有柱根糟朽、歪闪、开裂、虫害等问题；穿枋的问题较少，主要有构件缺失、不当的添加改造、虫害等问题；檩子的主要问题有糟朽、水渍污染、移位、开裂、虫害等问题；椽望问题总体上是正在使用的房屋椽望情况较好，部分半废弃或无人居住的房屋糟朽破损严重。

（二）砖墙结构问题

砖墙结构主要指欧阳花厅划分各个组落之间的高大的封火山墙。现场调查发现，由于年代久远且维修不便，这些墙体普遍存在严重的结构失稳问题，由于缺少地基情况的资料，从部分墙体的破坏状况来看，地基可能存在不均匀沉降的因素，如东落（DL）靠近闽山巷的东墙外倾达60厘米；对闽山巷内通行的居民存在一定险情，目前可见在巷两侧墙上加了若干横木支撑加固；中落花厅的书房倒座（ZL-B6）后墙为靠近衣锦坊路的外墙，外倾达30厘米；另外，中落（ZL）与西落（XL）之间的封火墙已经变形成"之"字形，完全依靠左右两侧的房屋支撑。

三、构造问题综述

（一）地面构造问题

欧阳花厅建筑的地面做法主要分为三种：三合土装饰纹理地面、大石条铺砌地面、架空木地板地面。三合土地面较少，多用在入口门房或耳房厢房内，大石条地面多用在院子内和主座建筑的前后檐廊处，架空木地板地面是各个建筑的主要地面形式。

三合土地面的主要问题是磨损严重，装饰纹样破损，以及不恰当的水泥修补等。石条铺砌地面普遍保存状况较好，需做适当清理维护。架空木地板的面积大，问题较突出，主要是使用日久，木龙骨和木地板腐朽损坏严重，承载力下降，继续使用存在较大隐患。另外，部分废弃或半废弃的房屋，如中落花厅的南端倒座绣楼（ZL-B9），木地板整体腐朽，破败不堪。

除去上述三种地面外，在花厅的覆龟亭下，还有一种铺六角地砖的地面做法，砖体呈六边形，尺寸较大，表面为草绿色，很像目前城市行道铺地砖。据花厅主人欧阳敏介绍，她小时候进来时就是此种铺装，时间应是解放初期，应是原地面做法。

（二）屋面构造问题

欧阳花厅屋面构造普遍为小青瓦冷摊做法，但在桷子（板椽）上铺一道横板，类似望板，望板上再铺冷摊小青瓦，压七露三，虽为民居，但做法还是比较讲究。屋面问题主要表现在望板和椽子的腐朽和水渍严重，由于福州靠近海边，雨水和空气中盐分含量较大，椽望大面积盐渍泛白现象严重，部分檩子也存在水渍现象。

另外，由于人为改建房屋，加建老虎窗，对原有屋面构造造成一定破坏。

（三）墙体构造问题

调查发现，欧阳花厅的墙体构造为内砌青砖，外抹沙泥，表面粉刷后饰以各种彩绘，靠近墙头地方用砖挑出各种线脚进行装饰。封火墙整体呈连续的马鞍形，在收头处做出飞翘的砖檐角。墙头批檐用瓦在两侧叠成"八"字，再用抹灰材料抹平整。年久表面覆上青苔，也有部分墙檐只有叠瓦。

目前，关于原墙体的抹灰和胶结材料做法不详，调查时发现其中含有沙、泥、海螺贝壳等材料，有待进一步调查，明确原有做法。

墙体构造问题主要是年久失修，粉刷剥落严重，彩绘剥落殆尽，胶结材料松结，砖体松动，导致墙体结构失稳。

（四）门窗装修构造问题

欧阳花厅各组落的传统装修保存状况差别较大，其中以中落的花厅组落保存最为完整，花窗门扇均有楠木制作，图案精致。但是东落、西落、西外落装修保留情况较差，房屋门窗大量被改造。

经调查，发现目前门窗改造主要有门窗位置改变，门窗形式改为现代木制方格玻璃门窗，现代铝合金窗等方面。传统门窗的主要问题有不恰当的表面油饰，不当的添加物，门窗扇整体扭曲形变，榫卯松脱，小木折断，花饰缺失等方面。

第二章 中落组群建筑现状勘察

一、衣锦坊 31 号欧阳宅大门

（一）建筑现状描述

建筑编号：ZL-B1

衣锦坊 31 号欧阳宅大门位置图

1. 台明（前檐台明）

现状残损：总体完好，东西次间石台基高 320 毫米，明间大门石基高 170 毫米，石阶为通石条，青石板散水，西檐柱角石松动碎裂。

残损类型：位移松动、碎裂。

残损原因：年久失修。

2. 地面

（1）明间

现状残损：地面为带图案的三合土装饰地面，磨损严重 >75%，后檐天井处有水泥修补。

残损类型：磨损、人为不当改造、酥碱、生物侵害。

残损原因：雨水受潮，年久失修，人为改建。

（2）东次间

现状残损：杂物堆积，可见为砖铺地面，破损严重 >80%，地面潮湿，苔藓滋生。

残损类型：磨损、人为不当改造、酥碱、生物侵害。

残损原因：雨水受潮，年久失修，人为改建。

（3）西次间

现状残损：垃圾和杂物堆积，地面破损严重。

残损类型：磨损、人为不当改造、酥碱、生物侵害。

残损原因：雨水受潮，年久失修，人为改建。

3. 木构架

（1）东山缝

现状残损：挑檐处后加斜撑，中柱后换，后檐与墙相接，设排水沟排向内天井，支撑木构糟朽严重，前金檩顺纹开裂严重，缺失严重。

残损类型：人为改造、水渍、腐朽、顺纹开裂、连接松弛。

残损原因：年久失修，人为改建。

（2）东明缝

现状残损：整体良好，挑檐处后加撑枋，前金檩下挑拱外闪，后金檩下挑拱缺失，柱子普遍顺纹开裂。

残损类型：构件缺失、顺纹开裂、连接松弛、人为改造。

残损原因：年久失修，人为改建。

（3）西明缝

现状残损：整体良好，挑檐处后加撑枋，后金檩下斗拱歪闪，檩子普遍顺纹开裂，普遍有水渍痕迹，轻微糟朽。

残损类型：虫蛀、构件缺失、顺纹开裂、连接松弛、人为改造。

残损原因：年久失修，人为改建。

（4）西山缝

现状残损：构架同东山缝，仅有前檐柱、前金柱、中柱三棵柱子，中柱已倾覆，檩头均搁在墙中，屋顶熏黑。外檐出挑构件存在改动。

残损类型：人为改造、水渍、腐朽、顺纹开裂、连接松弛、错位、脱榫。

残损原因：年久失修，人为改建。

4.墙体

（1）东山墙

现状残损：墙体大面积起甲，剥落，前金檩檩头下墙体开裂。

残损类型：酥碱起甲、结构开裂。

残损原因：年久失修。

（2）西山墙

现状残损：粉刷层剥落殆尽，砖体有烧过痕迹，墙体完全破败。

残损类型：酥碱起甲、墙体变形、结构开裂。

残损原因：年久失修。

（3）东次间后墙

现状残损：雨水污渍严重，墙皮大面积起甲脱落。

残损类型：酥碱起甲、墙体空鼓变形、结构开裂、生物侵害。

残损原因：雨水受潮，年久失修，人为改建。

（4）西次间后墙

现状残损：墙面受潮污渍，大面积脱落。

残损类型：酥碱起甲、墙体空鼓变形、结构开裂、生物侵害。

残损原因：雨水受潮，年久失修，人为改建。

（5）明间后墙

现状残损：石门框完好，左右两边墙皮起甲剥落 >40%，受潮污染，滋生苔藓。

残损类型：酥碱起甲、墙体空鼓变形、结构开裂、生物侵害。

残损原因：雨水受潮，年久失修，人为改建。

5. 椽望

现状残损：椽子（板椽）普遍有雨水糟朽，大面积盐渍泛白，明间椽望较东西两间稍好。

残损类型：盐渍泛白、腐朽。

残损原因：雨水受潮，年久失修。

6. 装修

（1）南立面

现状残损：东西两次间窗扇下槛用若干三合板封上，窗上花隔有缺失，明间六扇大门较好，门槛磨损严重。

残损类型：人为改造、构件缺失、磨损。

残损原因：人为改建。

（2）北立面

现状残损：明间横枋下有卯口，似有构件缺失。所对后墙石门框完好，门墙上方匾额框为装饰性粉刷，残破严重。

残损类型：人为改造、构件缺失、磨损残缺。

残损原因：年久失修，人为改建。

（3）屏风

现状残损：总体较好，两柱柱头内侧有卯口，似有构件缺失。装饰斗拱有松动，门扇油漆大面积脱落。

残损类型：构件缺失、油漆剥落、装饰件连接松弛。

残损原因：年久失修。

7. 屋顶（双坡屋面）

现状残损：保存状况较好，西南角有部分瓦面碎裂，约 5%，无脊饰。

残损类型：瓦面碎裂。

残损原因：人为破坏。

（二）部分现状照片

地面铺装残损现状

木构架残损现状

墙体残损现状

椽望残损现状

装修残损现状

（三）现状勘测图纸

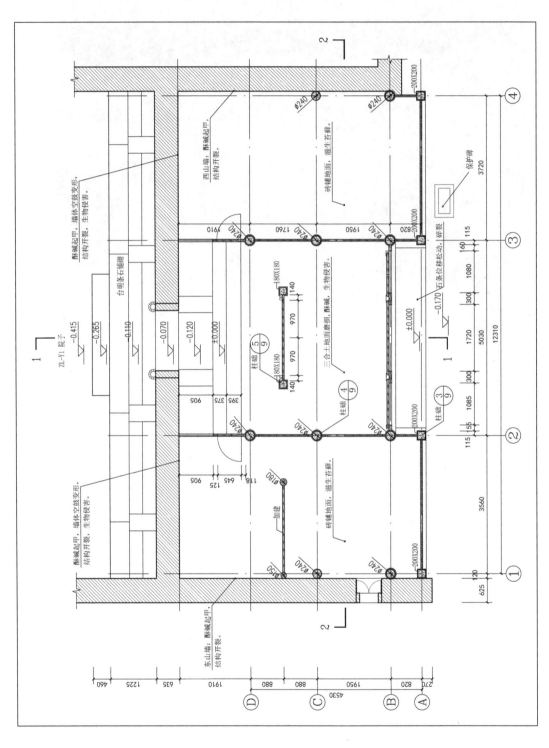

衣锦坊 31 号欧阳宅大门平面图

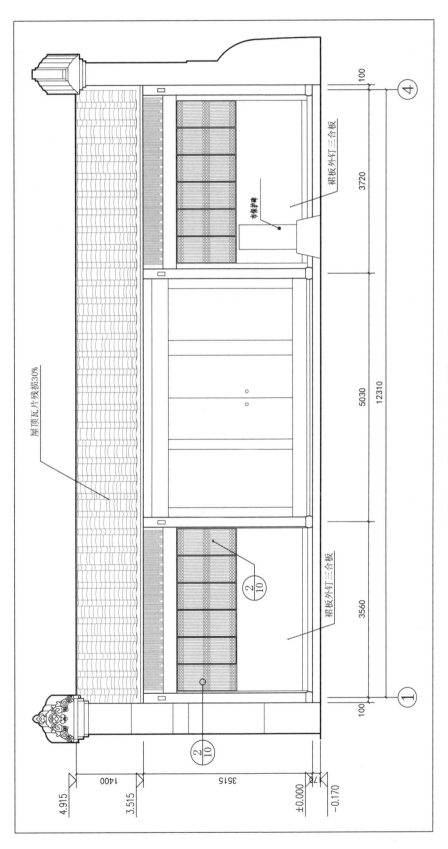

衣锦坊 31 号欧阳宅大门前檐立面图

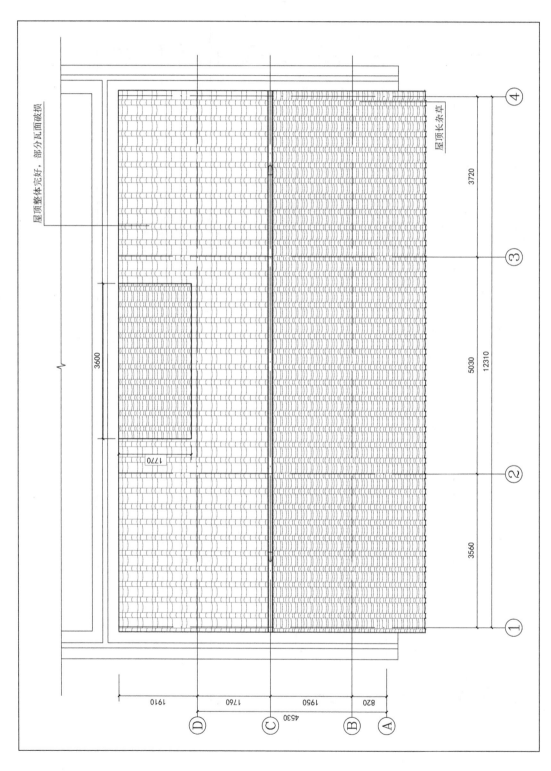

衣锦坊 31 号欧阳宅大门屋顶俯视图

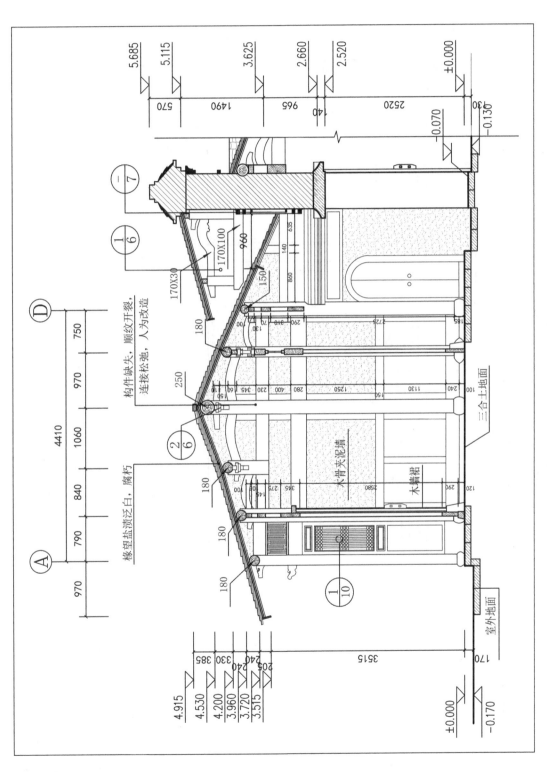

衣锦坊 31 号欧阳宅大门 1-1 剖面图

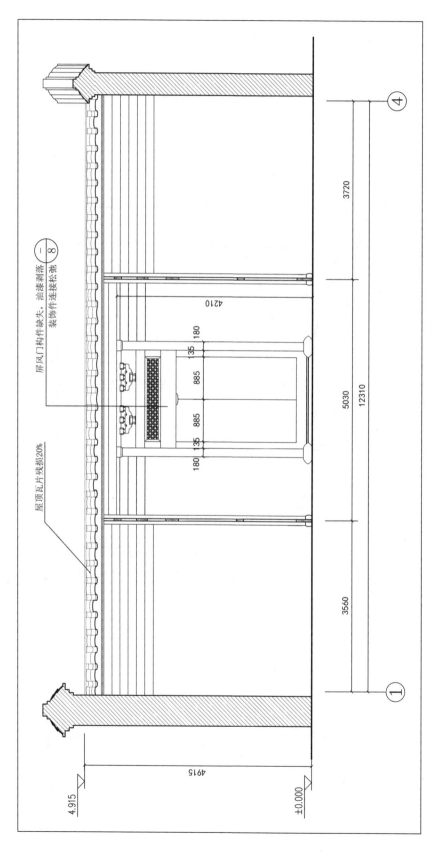

屋顶瓦片残损20%

屏风门构件缺失、油漆剥落
装饰件连接松弛 ⑧ (一)

衣锦坊31号欧阳宅大门2-2剖面图

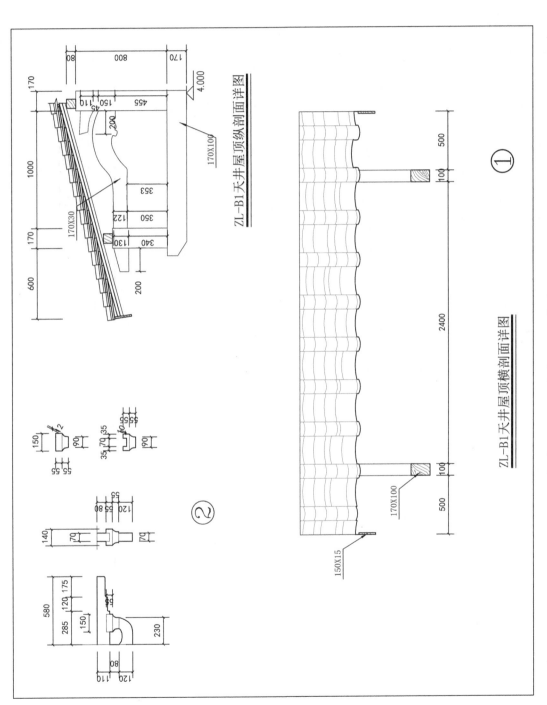

ZL-B1天井屋顶纵剖面详图

ZL-B1天井屋顶横剖面详图

衣锦坊 31 号欧阳宅大门内天井详图（一）

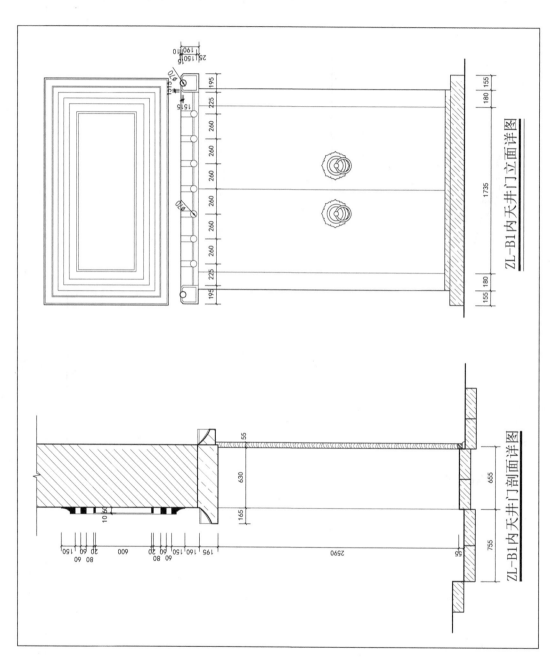

ZL-B1内天井门立面详图

ZL-B1内天井门剖面详图

衣锦坊 31 号欧阳宅大门内天井详图（二）

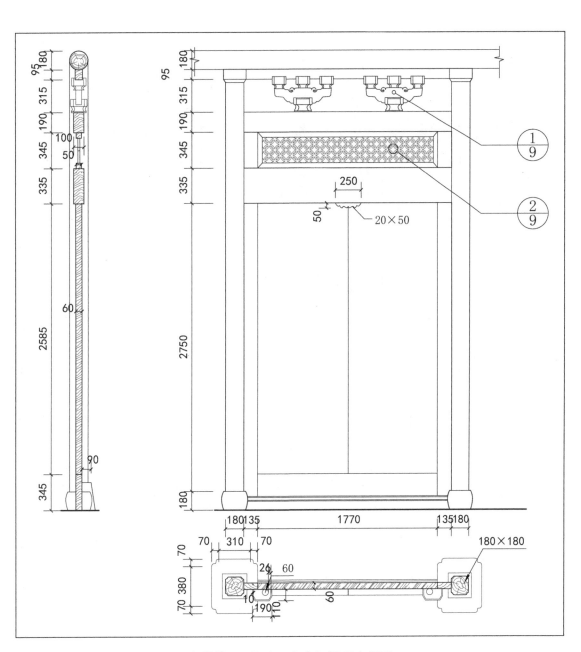

衣锦坊 31 号欧阳宅大门屏风大样图

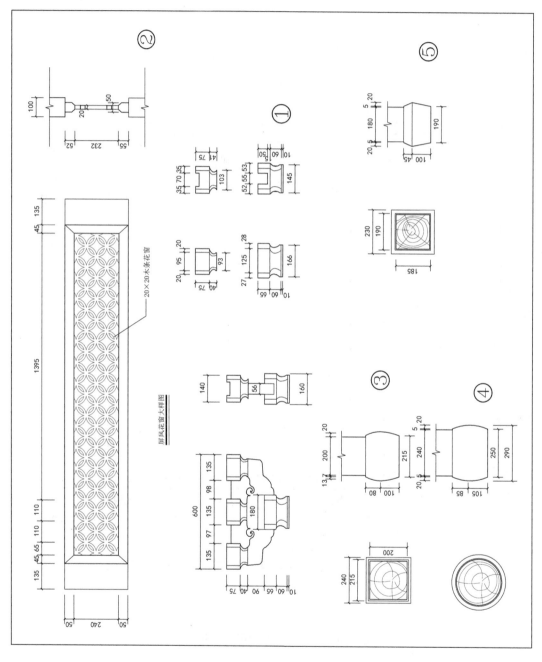

衣锦坊 31 号欧阳宅大门花饰及柱础详图

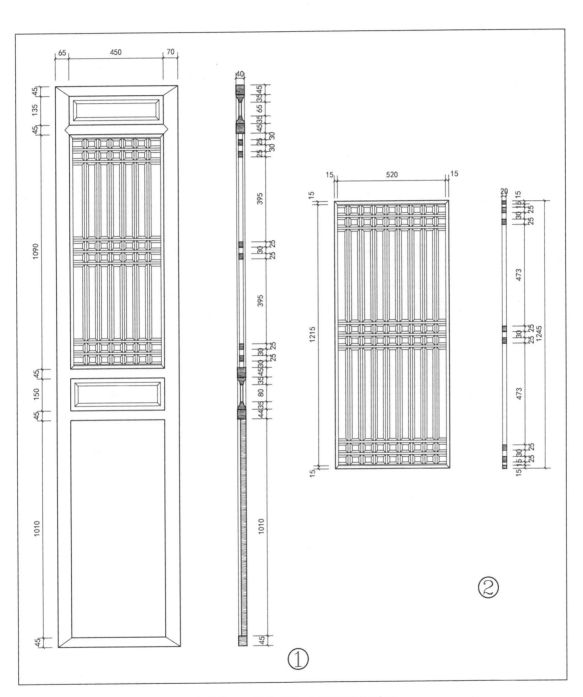

衣锦坊 31 号欧阳宅大门窗花饰详图

二、衣锦坊 31 号欧阳宅第一进主座

（一）建筑现状描述

建筑编号：ZL-B2

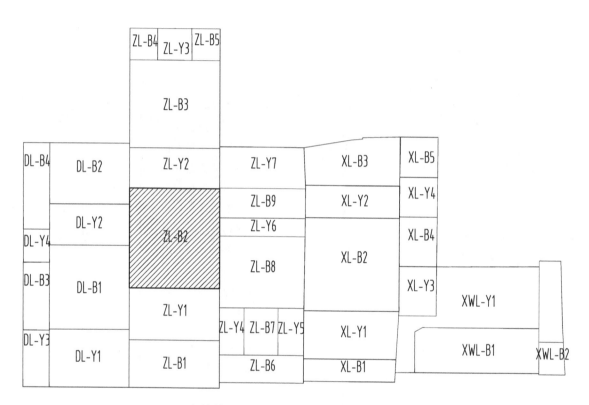

衣锦坊 31 号欧阳宅第一进主座位置图

1. 台明（前檐台明）

现状残损：总体完好，石阶为通石条，轻微磨损，石缝长杂草。

残损类型：表面磨损、长杂草。

残损原因：年久失修。

2. 地面

（1）明间地面

现状残损：前檐廊为大石条铺砌，主堂屋为架空木地板，木龙骨年久腐朽，承载力下降，地板局部开裂破损。后堂屋为三合土地面，破损严重。

残损类型：地板开裂磨损、龙骨腐朽、人为不当改造。

残损原因：年久失修，人为改造。

（2）东次间

现状残损：杂物堆积，架空木地板，龙骨年久腐朽，地板开裂破损。

残损类型：地板开裂磨损、龙骨腐朽、人为不当改造。

残损原因：年久失修，人为改造。

（3）西次间

现状残损：部分房间铺现代化地塑，部分木地板刷绿。

残损类型：地板开裂磨损、龙骨腐朽、人为不当改造。

残损原因：年久失修，人为改造。

3. 木构架

（1）东山缝

现状残损：构架完整，柱檩枋均存在不同程度开裂，虫蛀，部分檩下斗拱歪闪，后檐挑拱构件损坏，部分柱枋用藤箍加固。

残损类型：虫蛀、顺纹开裂、连接松弛、人为改造。

残损原因：年久失修，人为改建。

（2）明间东缝

现状残损：构架完整，整体良好，柱枋存在开裂，用藤箍加固，檩下斗拱歪闪。

残损类型：开裂松弛、人为改造。

残损原因：年久失修，人为改建。

（3）明间西缝

现状残损：整体良好，基本同明间东缝，部分构件用藤条加固，檩下斗拱歪闪。

残损类型：开裂松弛、人为改造。

残损原因：年久失修，人为改建。

（4）西山缝

现状残损：构架同东山缝，整体较好，柱檩枋普遍均存在开裂，柱枋用藤条加固。部分檩下斗拱缺失。发现部分柱檩有虫蛀。

残损类型：虫蛀、开裂、脱榫、构件缺失、人为改造。

残损原因：年久失修，人为改建。

4. 墙体

现状残损：墙体起甲、空鼓现象普遍，局部剥落，墙面因受潮而污染。明间墙体较好，东西山墙问题较突出。

残损类型：空鼓、雨水污染。

残损原因：雨水受潮，年久失修，人为改建。

5. 椽望

现状残损：椽子（板椽）普遍有雨水糟朽，大面积盐渍泛白。

残损类型：盐渍泛白、腐朽。

残损原因：雨水受潮，年久失修。

6. 装修

（1）明间

现状残损：加建木板房一间，原堂屋屏风、隔扇等保留完整，部分构件松动残缺，漆面脱落。

残损类型：人为改造、构件缺失、磨损残缺。

残损原因：年久失修，人为改建。

（2）东次间

现状残损：前后檐门窗后改，室内新增吊顶，部分隔断保留原花窗。

残损类型：人为改造、构件缺失、磨损。

残损原因：人为改建。

（3）西次间

现状残损：原门窗保留较好，室内隔断花扇保留较好。部分房间进行现代装修，后檐门窗为后来改造。

残损类型：人为改造、构件缺失。

残损原因：年久失修。

7. 屋顶（双坡屋面）

现状残损：保存状况较好，脊饰较好，少许檐口瓦面破损。

残损类型：瓦面碎裂。

残损原因：年久失修。

（二）部分现状照片

地面铺装残损现状

木构架残损现状

墙体残损现状

橼望残损现状

（三）现状勘测图纸

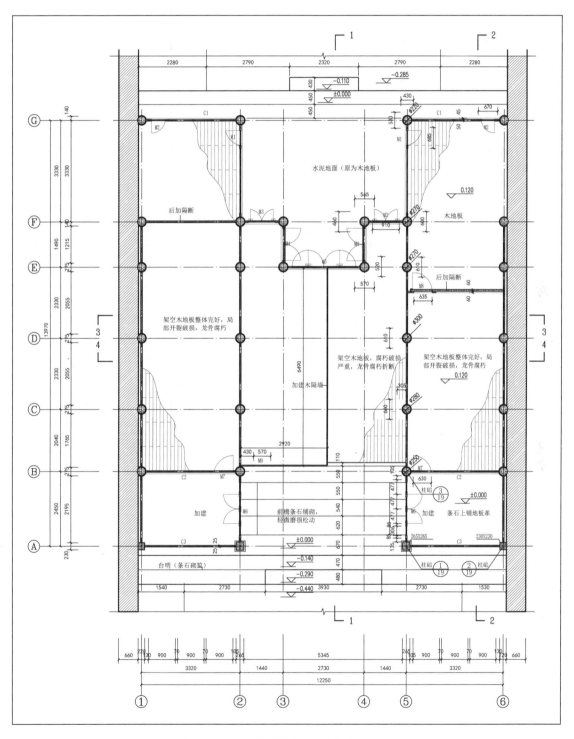

衣锦坊 31 号欧阳宅第一进主座平面图

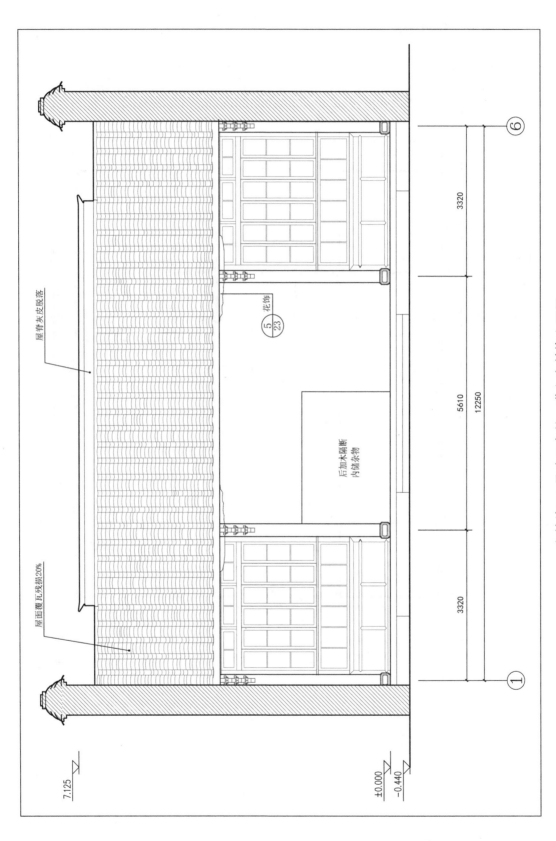

衣锦坊 31 号欧阳宅第一进主座前檐立面图

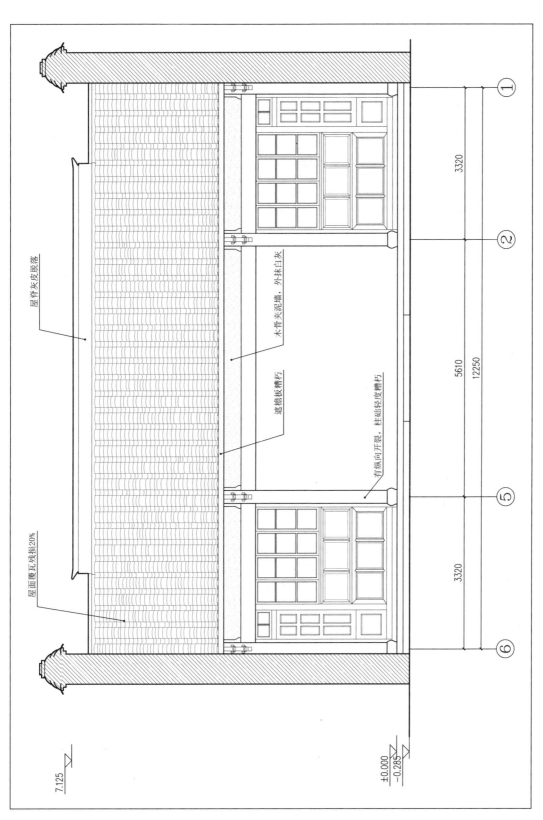

衣锦坊 31 号欧阳宅第一进主座后檐立面图

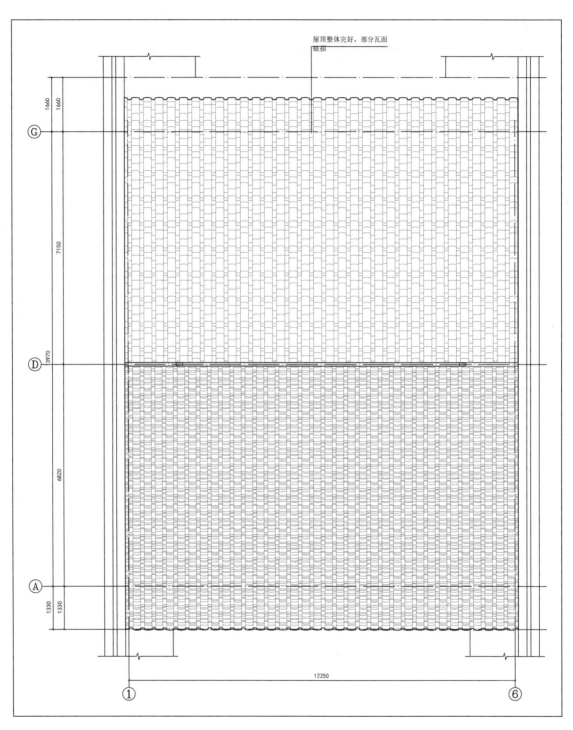

衣锦坊31号欧阳宅第一进主座屋顶俯视图

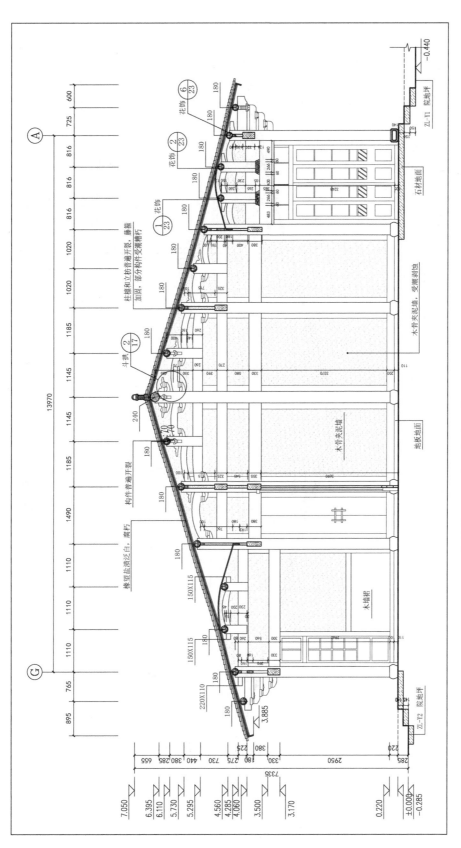

衣锦坊 31 号欧阳宅第一进主座 1-1 剖面图

47

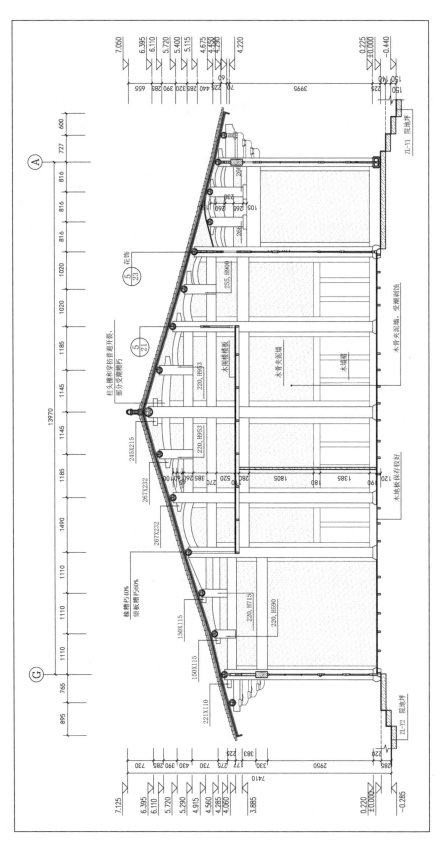

衣锦坊 31 号欧阳宅第一进主座 2-2 剖面图

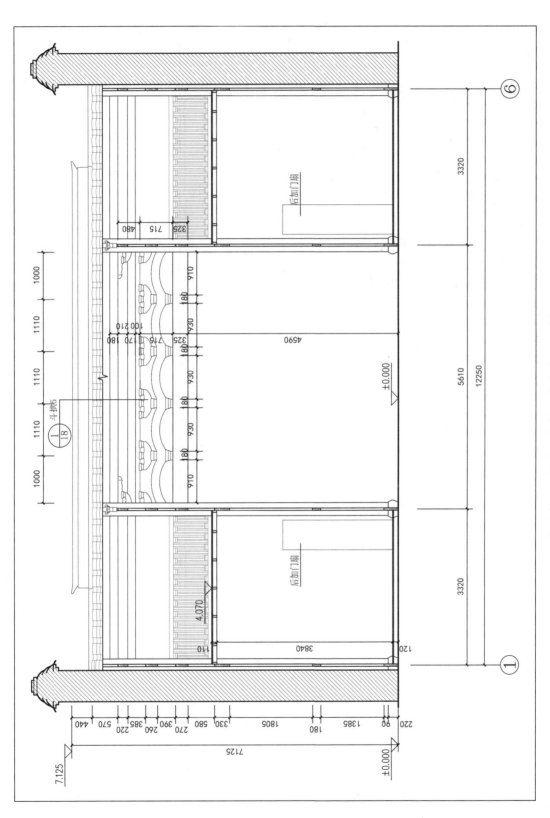

衣锦坊 31 号欧阳宅第一进主座 3-3 剖面图

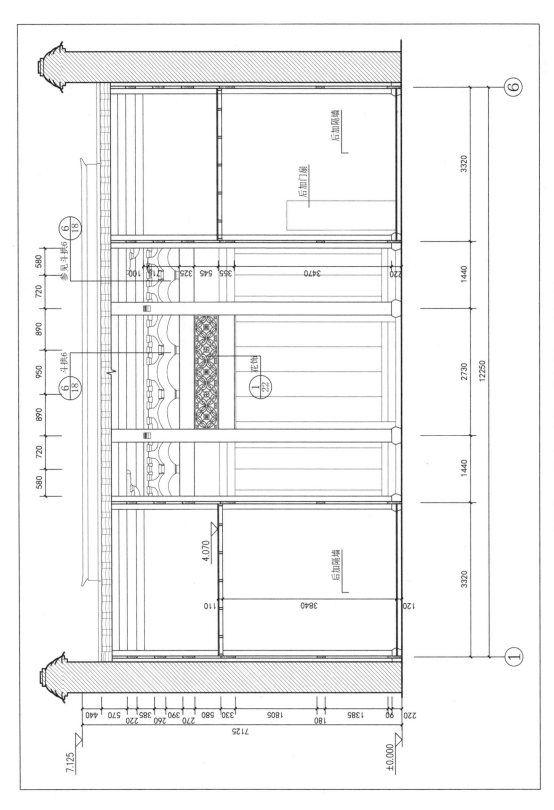

衣锦坊 31 号欧阳宅第一进主座 4-4 剖面图

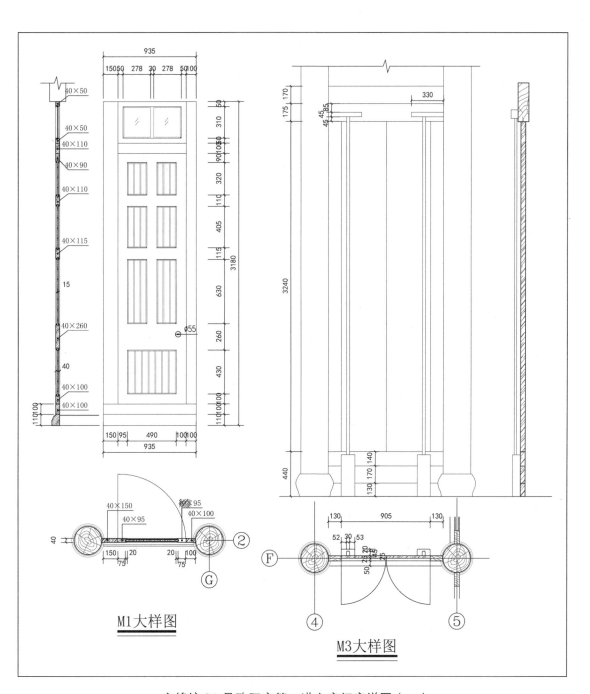

M1大样图

M3大样图

衣锦坊31号欧阳宅第一进主座门窗详图（一）

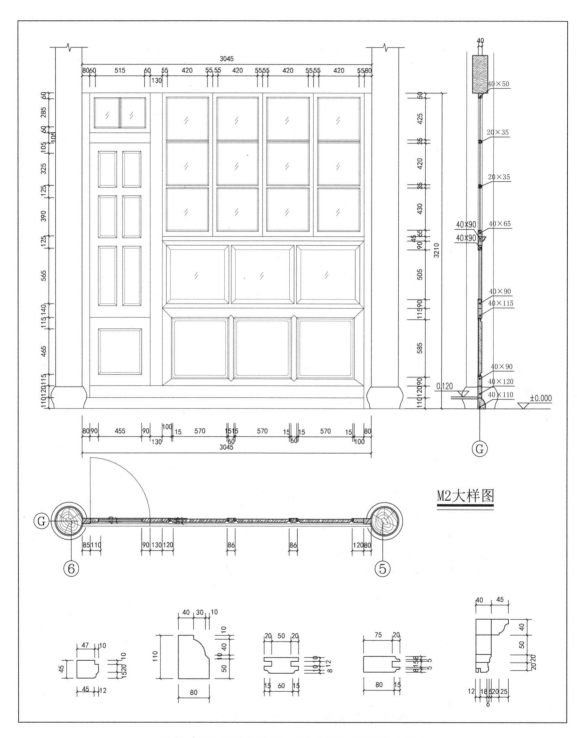

M2大样图

衣锦坊 31 号欧阳宅第一进主座门窗详图（二）

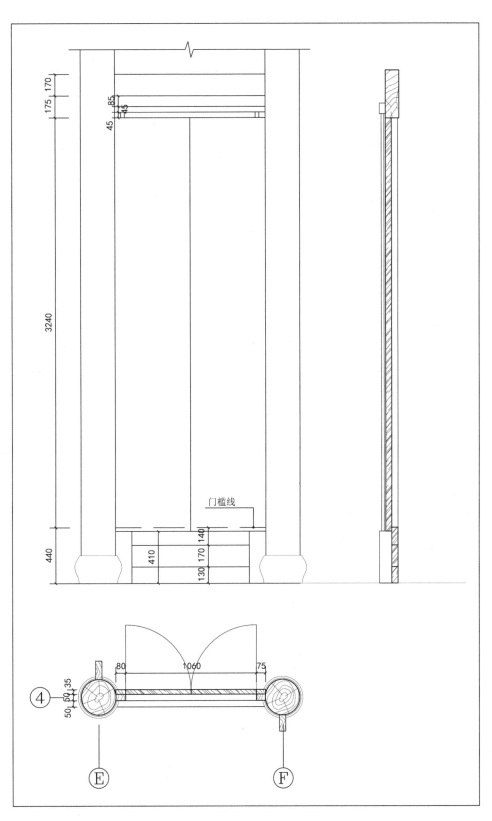

门槛线

衣锦坊31号欧阳宅第一进主座门窗详图（三）

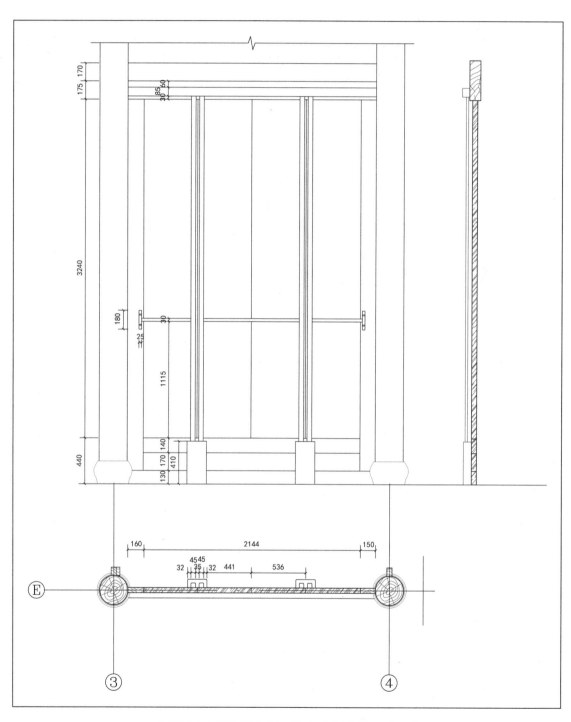

衣锦坊 31 号欧阳宅第一进主座门窗详图（四）

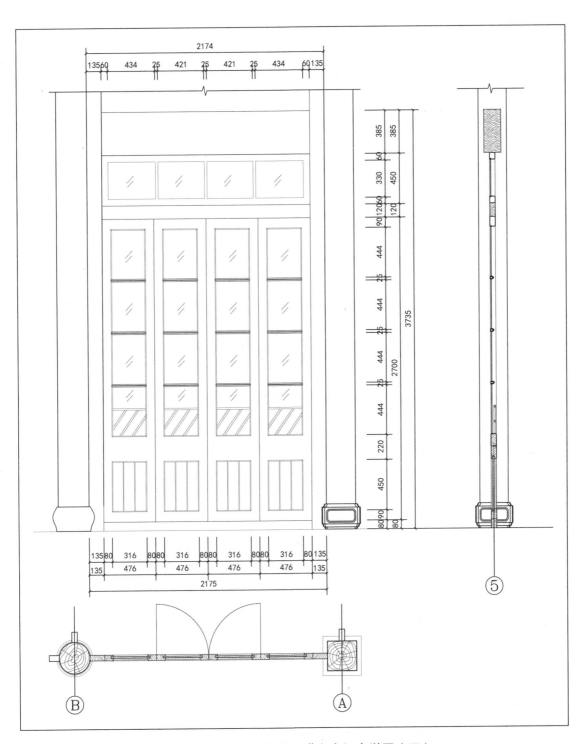

衣锦坊 31 号欧阳宅第一进主座门窗详图（五）

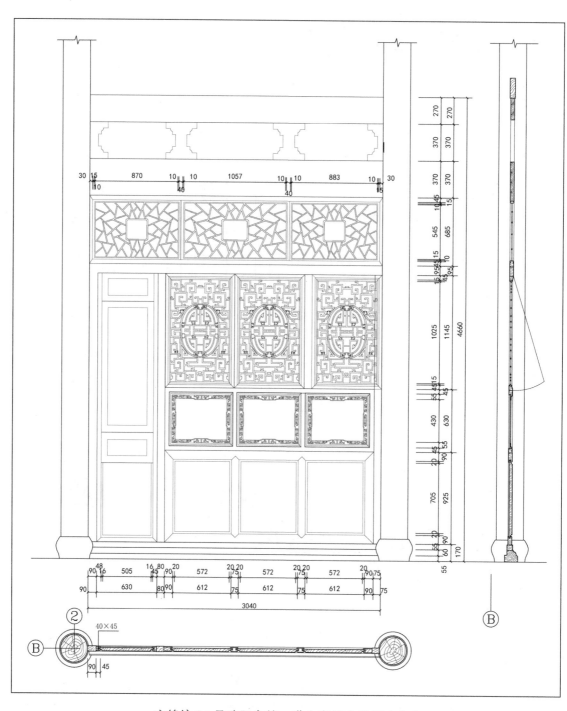

衣锦坊 31 号欧阳宅第一进主座门窗详图（六）

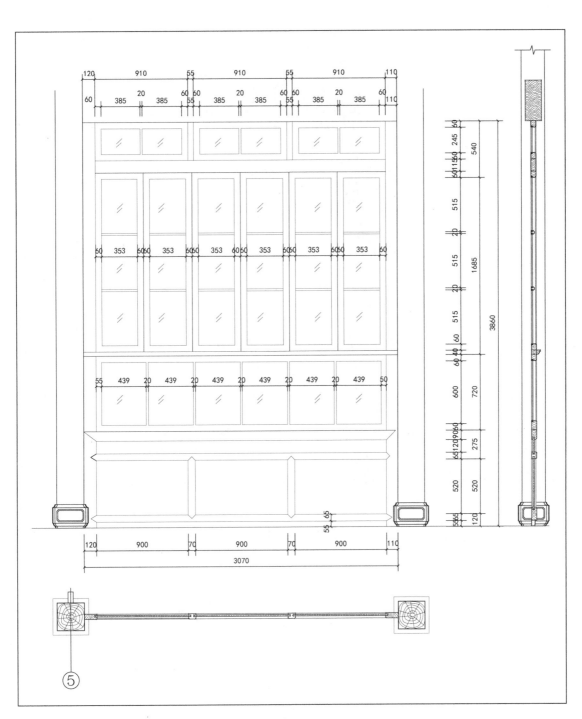

衣锦坊 31 号欧阳宅第一进主座门窗详图（七）

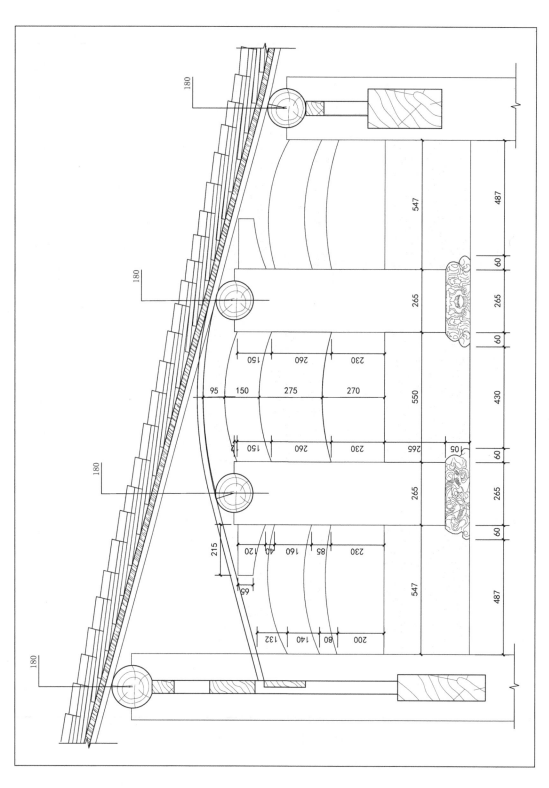

衣锦坊 31 号欧阳宅第一进主座前廊轩大样图

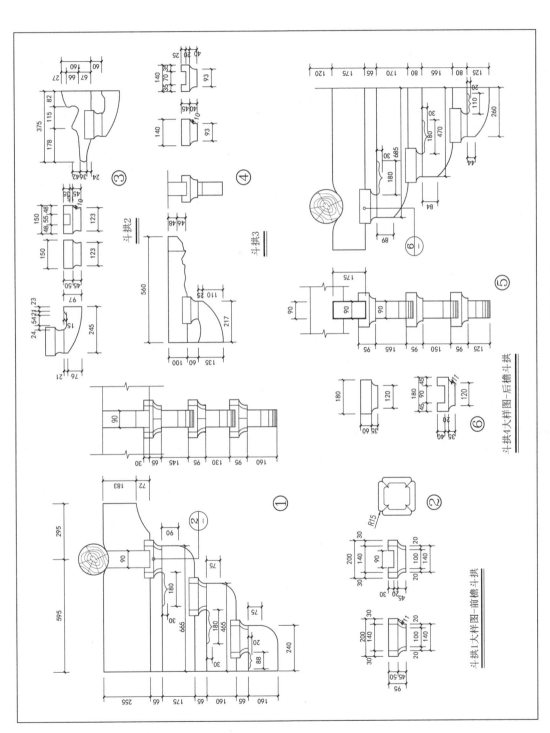

斗拱2

斗拱3

斗拱4大样图-后檐斗拱

斗拱1大样图-前檐斗拱

衣锦坊 31 号欧阳宅第一进主座斗拱详图（一）

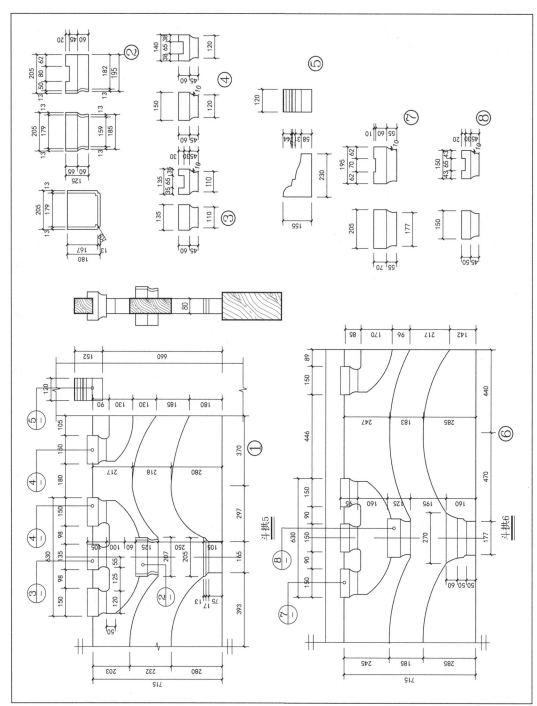

衣锦坊 31 号欧阳宅第一进主座斗拱详图（二）

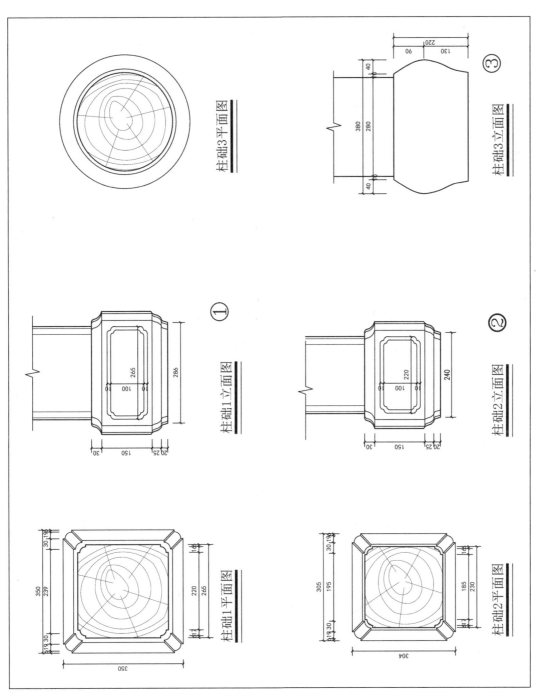

衣锦坊 31 号欧阳宅第一进主座柱础详图

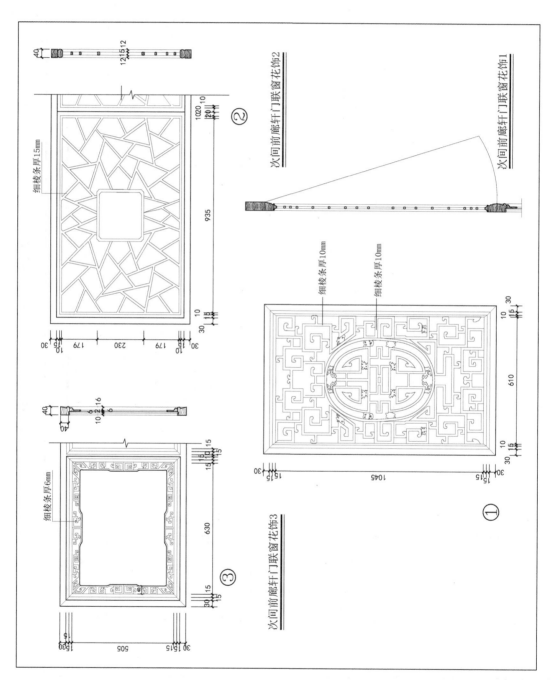

次间前廊轩门联窗花饰2

次间前廊轩门联窗花饰1

细棱条厚15mm

细棱条厚10mm

细棱条厚10mm

细棱条厚6mm

次间前廊轩门联窗花饰3

衣锦坊 31 号欧阳宅第一进主座花饰详图（一）

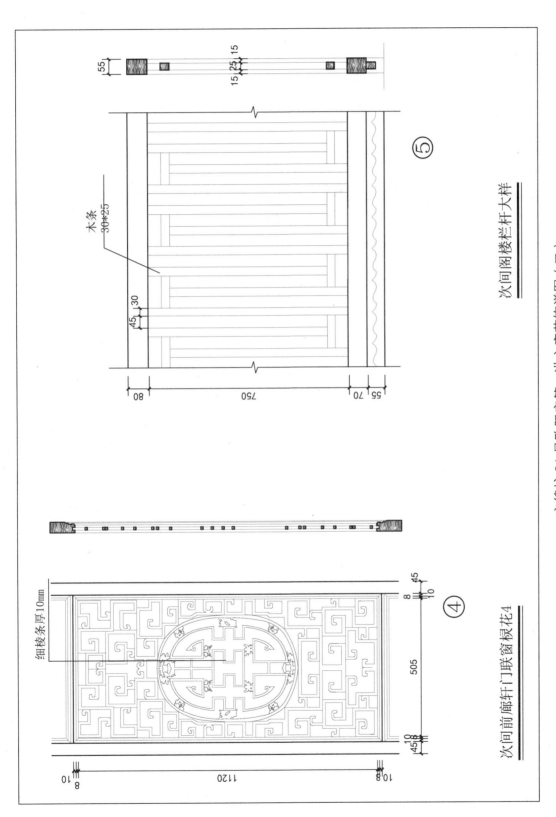

次间阁楼栏杆大样　⑤

木条30*25

次间前廊轩门联窗棂花4　④

细棱条厚10mm

衣锦坊31号欧阳宅第一进主座花饰详图（二）

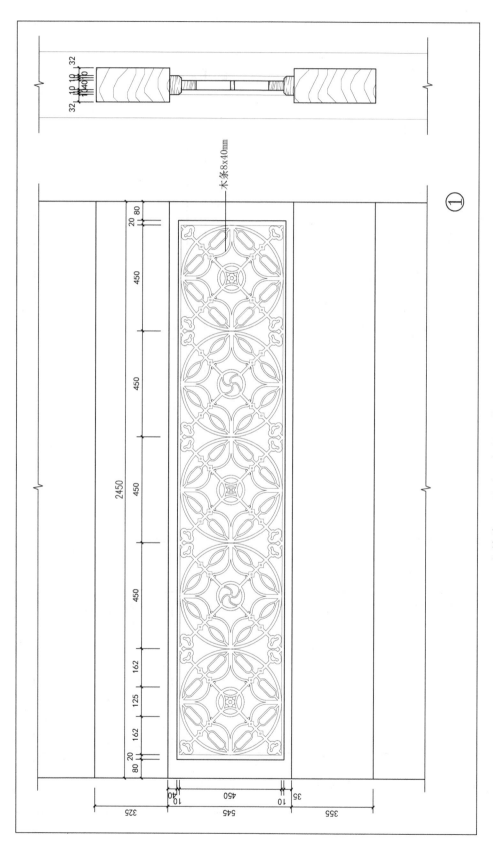

衣锦坊 31 号欧阳宅第一进主座花饰详图（三）

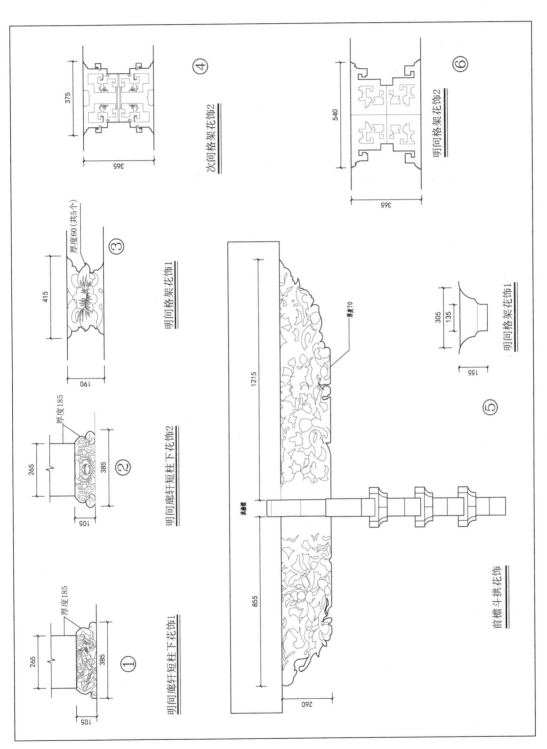

衣锦坊 31 号欧阳宅第一进主座花饰详图（四）

三、衣锦坊 31 号欧阳宅第二进主座

（一）建筑现状描述

建筑编号：ZL-B3

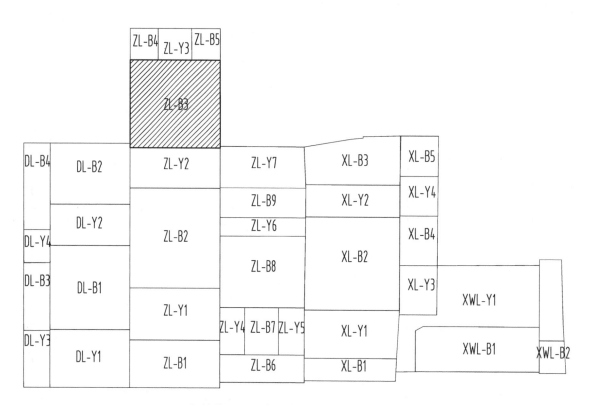

衣锦坊 31 号欧阳宅第二进主座位置图

1. 台明

现状残损：大石条地面，轻微磨损，大量新建房屋和杂物覆盖遮挡。

残损类型：表面磨损。

残损原因：年久失修，人为改造。

2. 地面

（1）明间

现状残损：前檐廊为大石条铺砌，主堂屋为架空木地板，木龙骨腐朽，地板破损严重。后堂屋为八角图案三合土地面，总体尚好。

残损类型：地板开裂磨损、龙骨腐朽、人为不当改造。

残损原因：年久失修，人为改造。

（2）东、西次间

现状残损：大部分房屋关闭，情况不详，部分房屋为后改造木地板，破损严重。

残损类型：地板开裂磨损、龙骨腐朽、人为不当改造。

残损原因：年久失修，人为改造。

3. 木构架

现状残损：因无法进入，各缝梁架情况不详，所见明间梁架，构架完整，柱檩枋等大木构件均存在开裂，虫蛀，污渍等现象。部分檩下斗拱损坏缺失，开裂柱枋用藤箍加固。

残损类型：虫蛀、开裂、连接松弛、构件歪闪缺失、人为改造。

残损原因：年久失修，人为改建。

4. 墙体

现状残损：东西次间墙体多用木板封实，从明间墙体可见起甲、空鼓现象普遍，剥蚀严重，墙面因受潮和屋顶漏雨而污染。

残损类型：空鼓、雨水污染。

残损原因：雨水受潮，年久失修，人为改建。

5. 椽望

现状残损：椽子（板椽）普遍有雨水糟朽，大面积盐渍泛白。

残损类型：盐渍泛白、腐朽。

残损原因：雨水受潮，年久失修。

6. 装修

（1）明间

现状残损：加建红砖房一间，木板房一间。仅余狭窄通道，原堂屋屏风、隔扇等装修构件无存。

残损类型：人为改造。

残损原因：人为改造。

（2）东、西次间

现状残损：大部分房间经过装修改造，部分门扇和栏杆为原物。部分房间墙面用木板封实，外刷白。

　　残损类型：人为改造、构件缺失。

　　残损原因：年久失修，人为改造。

7. 屋顶（双坡屋面）

　　现状残损：南侧屋面东西各加建阁楼，破坏屋面，屋脊后改，瓦面破损严重。

　　残损类型：瓦面碎裂、人为改造。

　　残损原因：年久失修，人为改造。

（二）部分现状照片

地面铺装残损现状

木构架残损现状

墙体残损现状

屋顶残损现状

装修残损现状

（三）现状勘测图纸

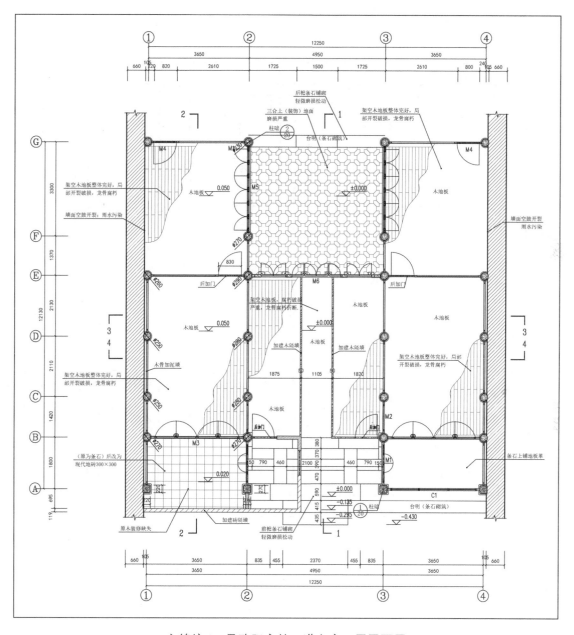

衣锦坊31号欧阳宅第二进主座一层平面图

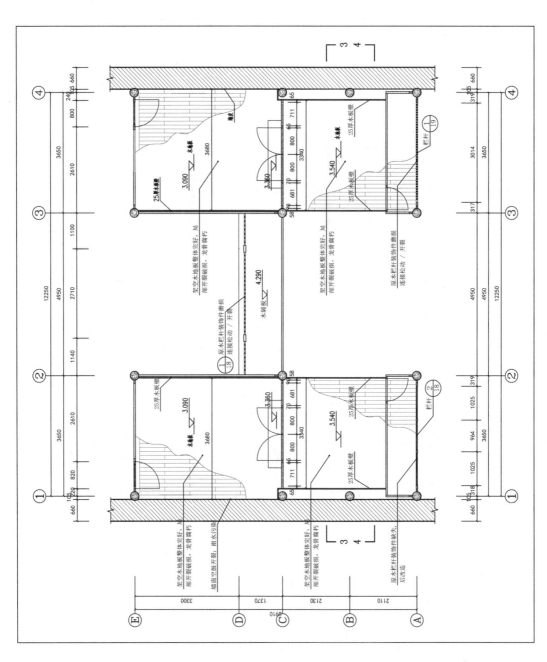

衣锦坊 31 号欧阳宅第二进主座二层平面图

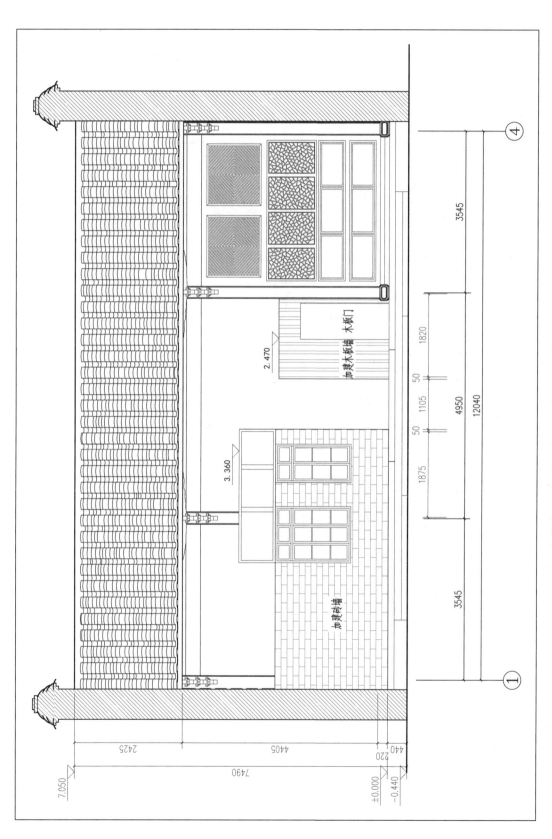

衣锦坊 31 号欧阳宅第二进主座前檐立面图

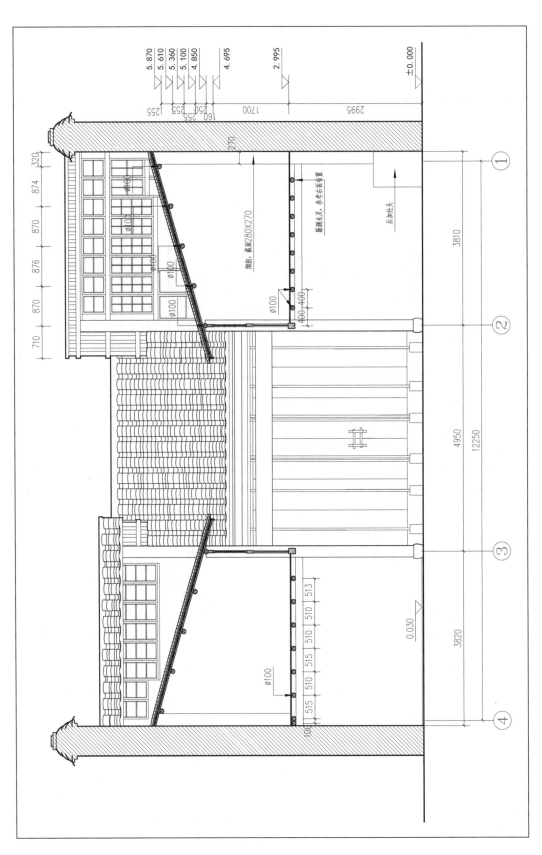

衣锦坊 31 号欧阳宅第二进主座后檐立面图

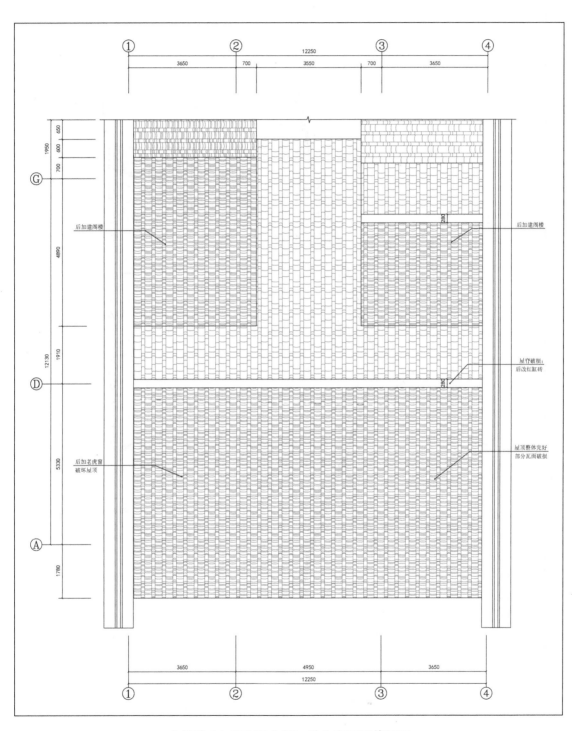

衣锦坊 31 号欧阳宅第二进主座屋顶俯视图

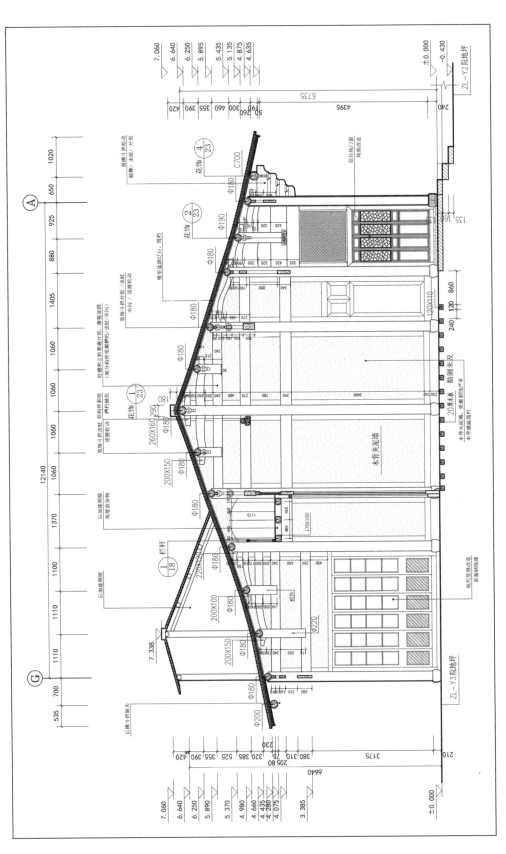

衣锦坊 31 号欧阳宅第二进主座 1-1 剖面图

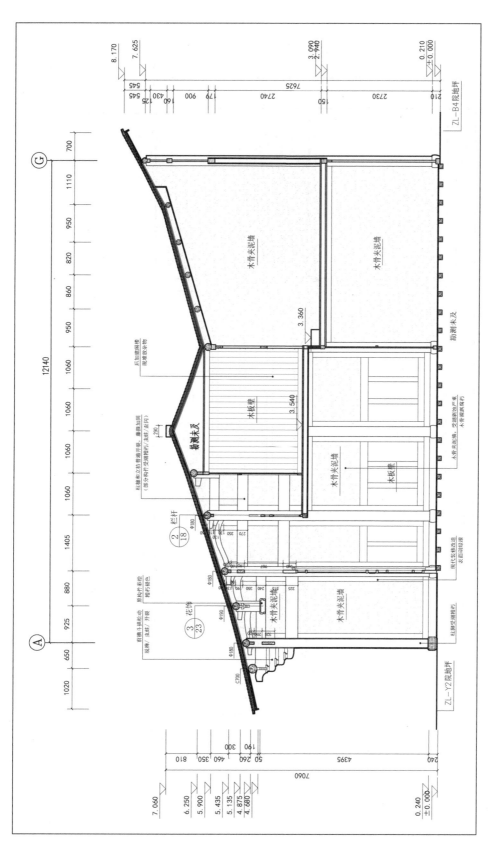

衣锦坊 31 号欧阳宅第二进主座 2-2 剖面图

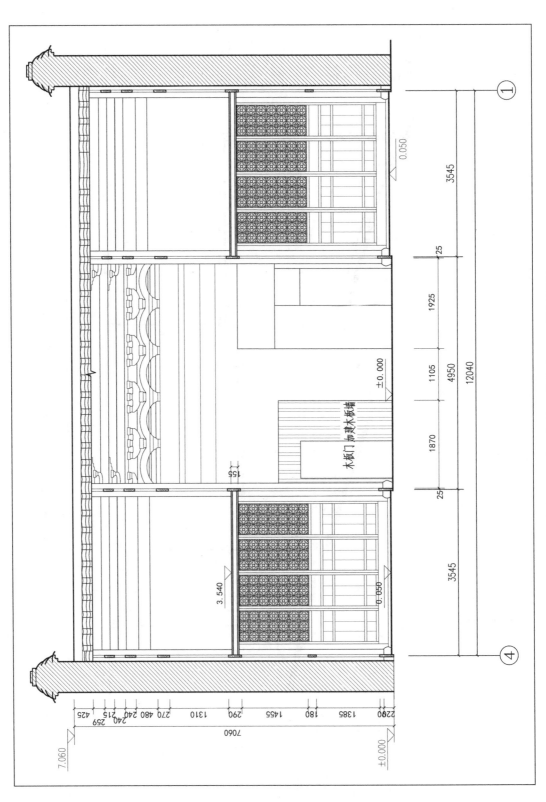

衣锦坊 31 号欧阳宅第二进主座 3-3 横剖面图

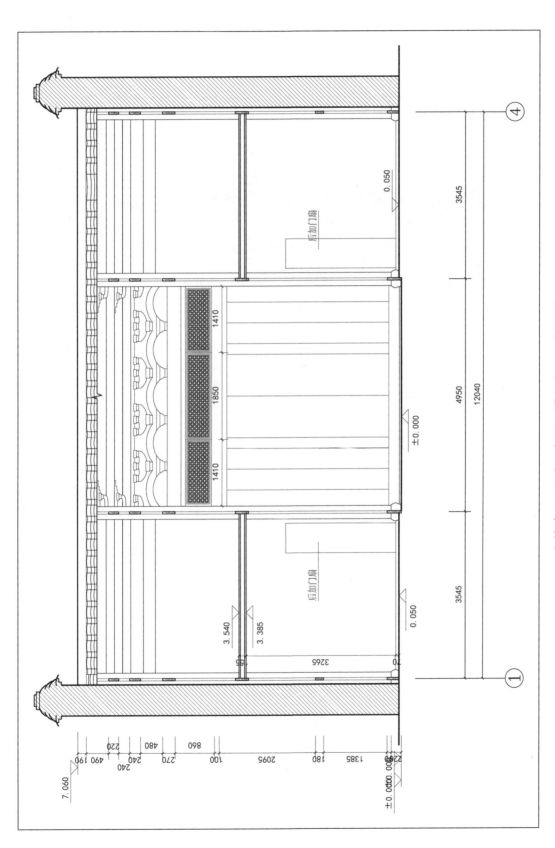

衣锦坊 31 号欧阳宅第二进主座 4-4 剖面图

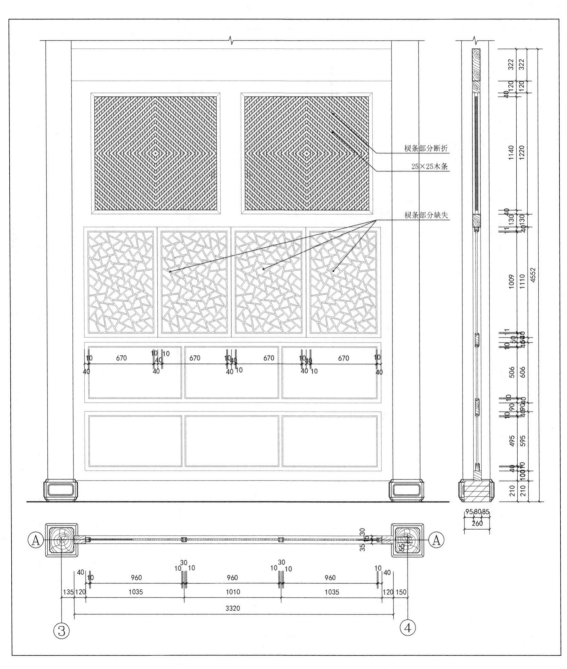

衣锦坊 31 号欧阳宅第二进主座门窗详图（一）

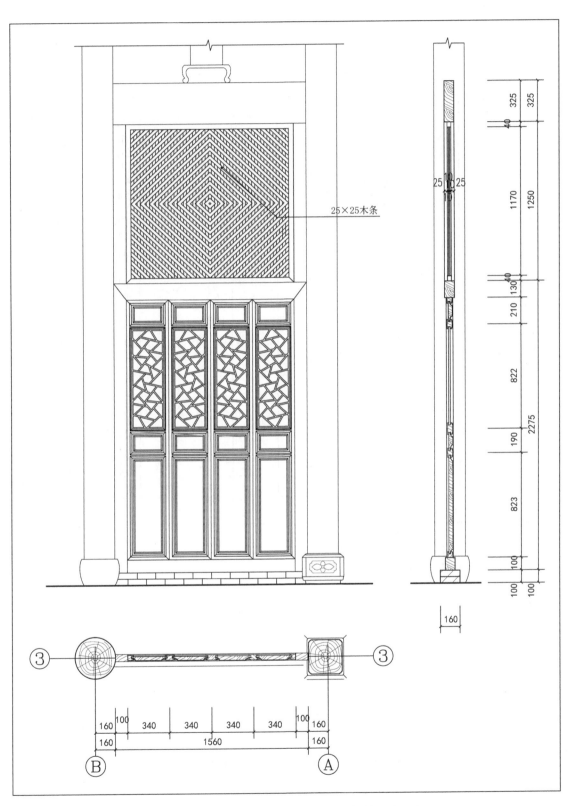

25×25木条

衣锦坊31号欧阳宅第二进主座门窗详图（二）

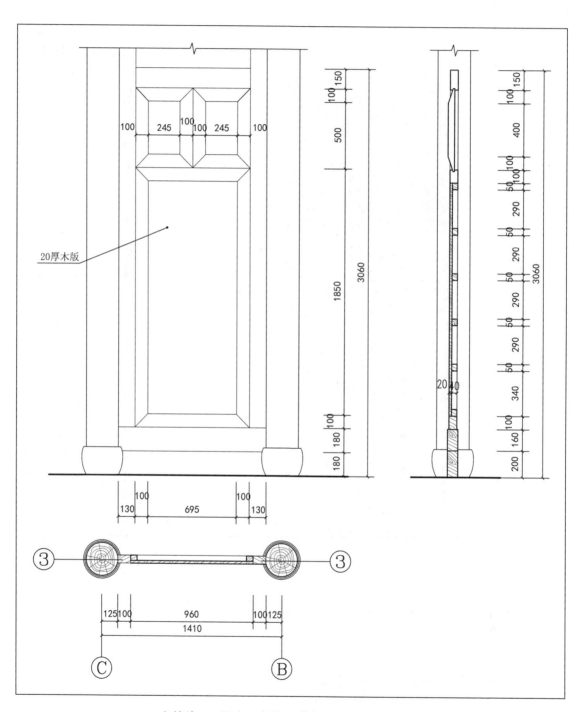

20厚木版

衣锦坊 31 号欧阳宅第二进主座门窗详图（三）

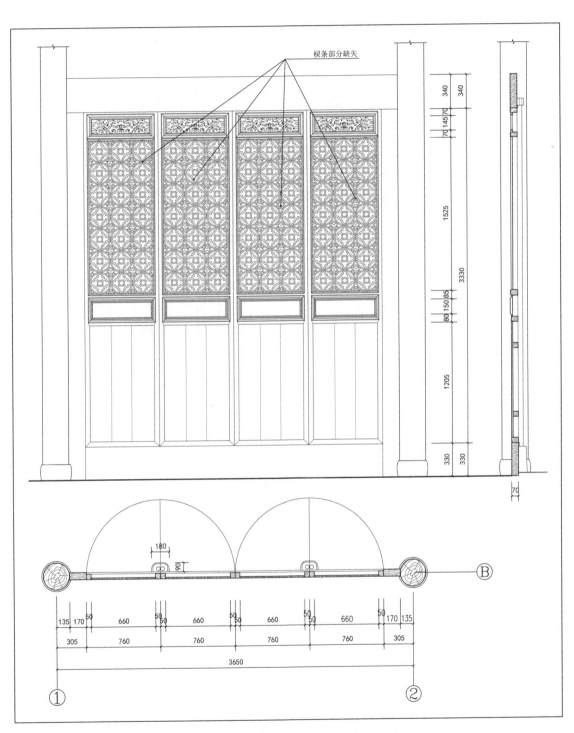

衣锦坊 31 号欧阳宅第二进主座门窗详图（四）

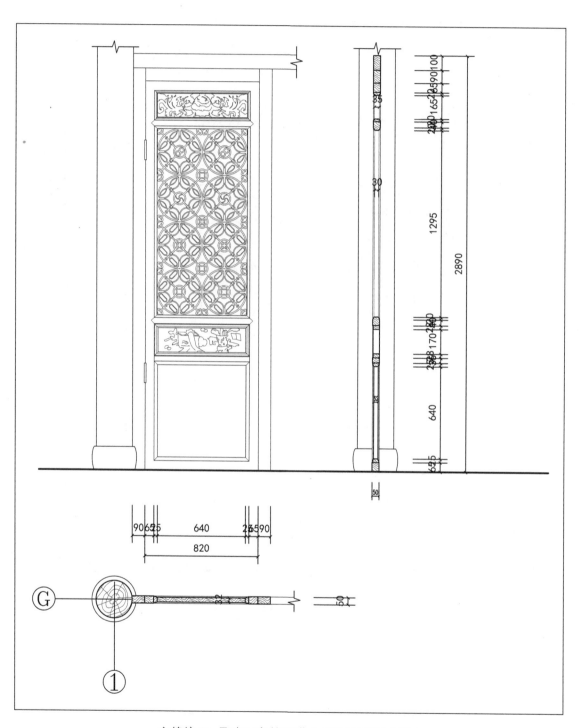

衣锦坊 31 号欧阳宅第二进主座门窗详图（五）

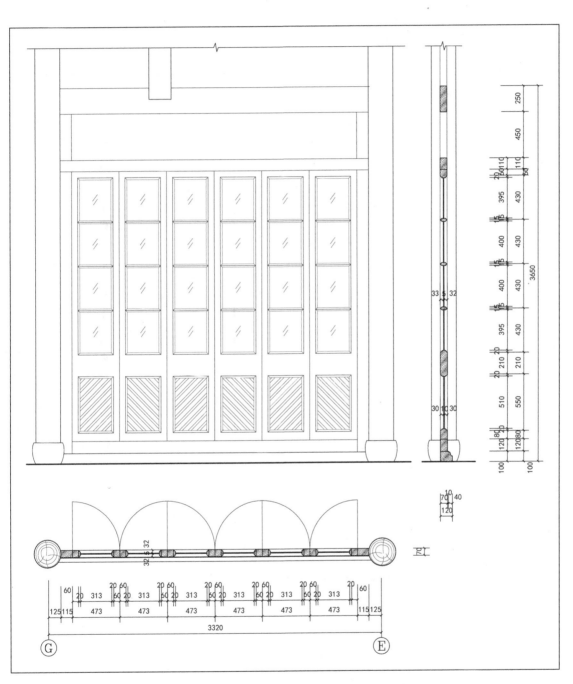

衣锦坊31号欧阳宅第二进主座门窗详图（六）

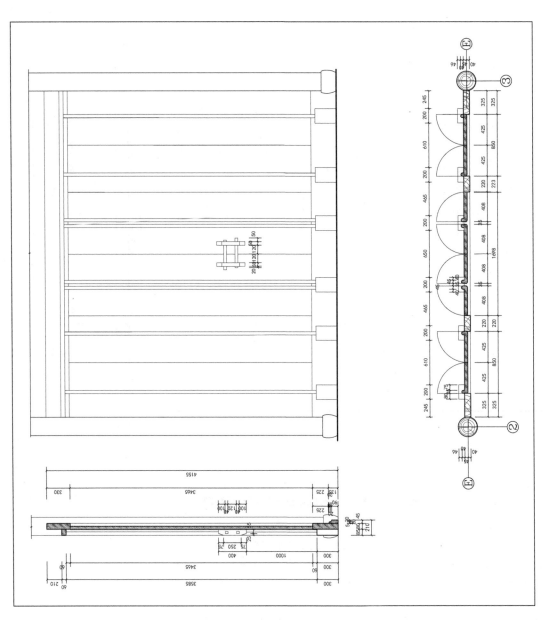

衣锦坊 31 号欧阳宅第二进主座门窗详图（七）

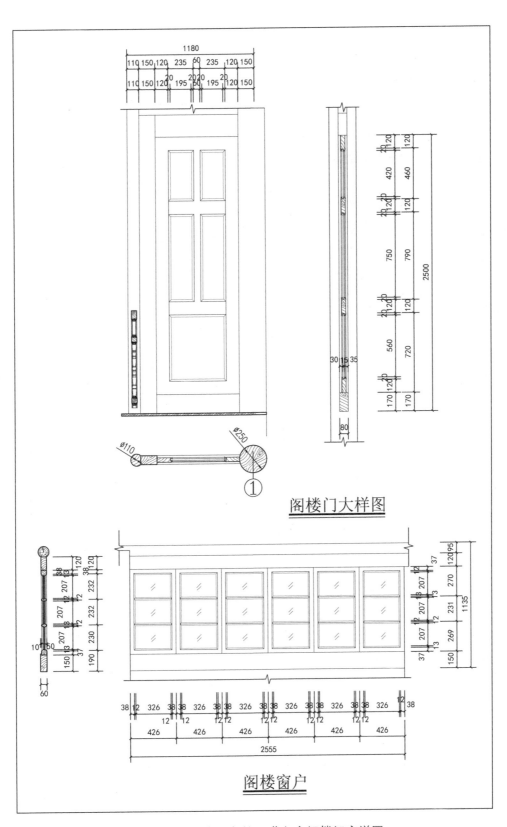

阁楼门大样图

阁楼窗户

衣锦坊 31 号欧阳宅第二进主座阁楼门窗详图

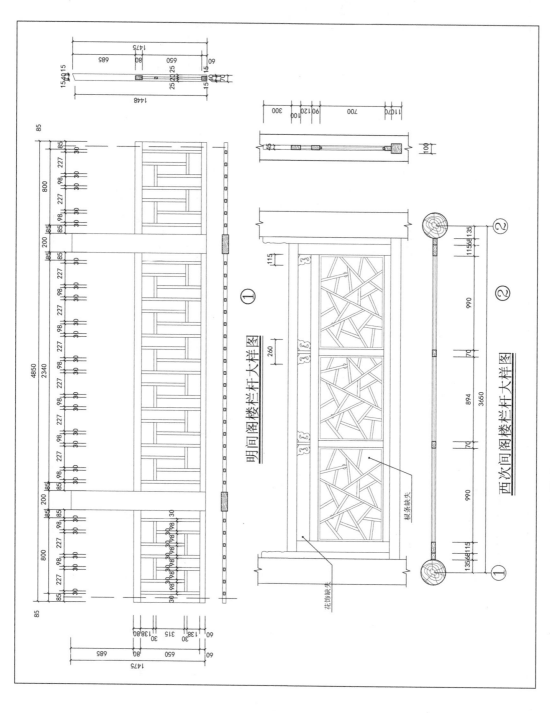

明间阁楼栏杆大样图 ①

西次间阁楼栏杆大样图

衣锦坊 31 号欧阳宅第二进主座阁楼栏杆详图（一）

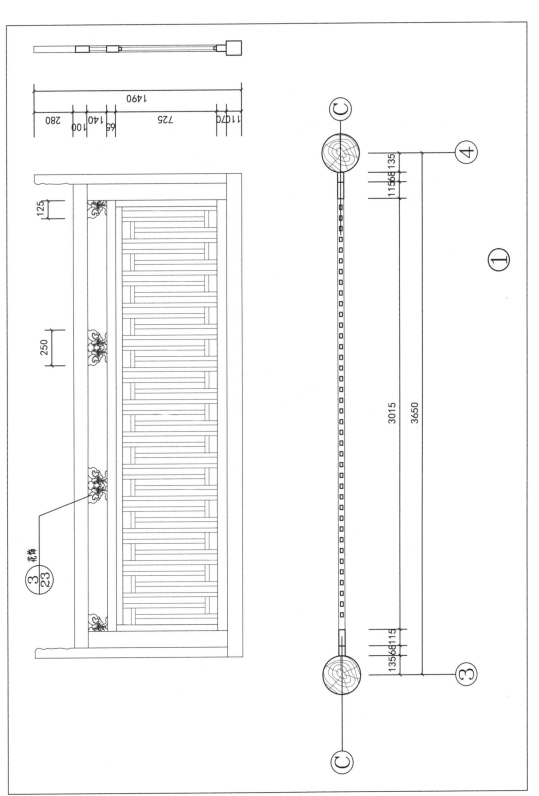

衣锦坊 31 号欧阳宅第二进主座阁楼栏杆详图（二）

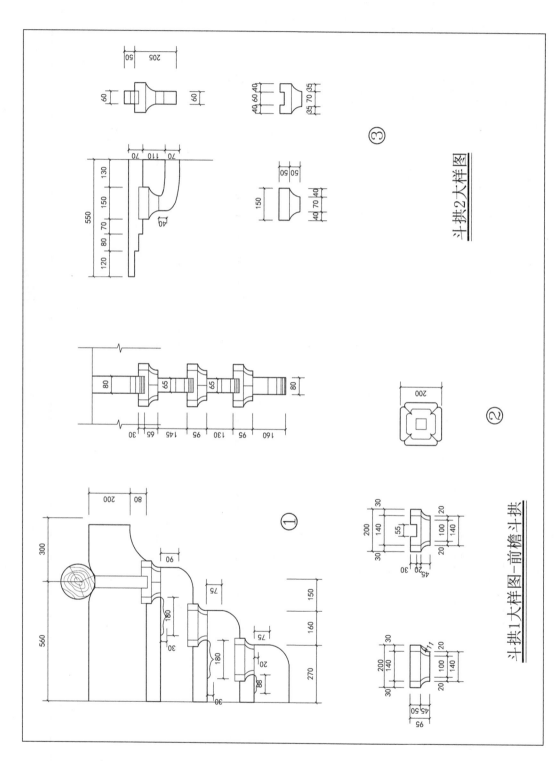

衣锦坊 31 号欧阳宅第二进主座斗拱详图（一）

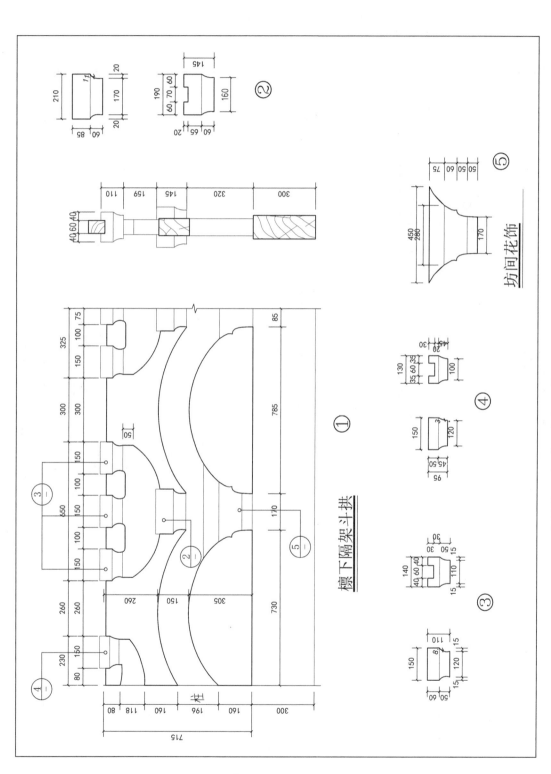

檩下隔架斗拱　①

坊间花饰　⑤

衣锦坊 31 号欧阳宅第二进主座斗拱详图（二）

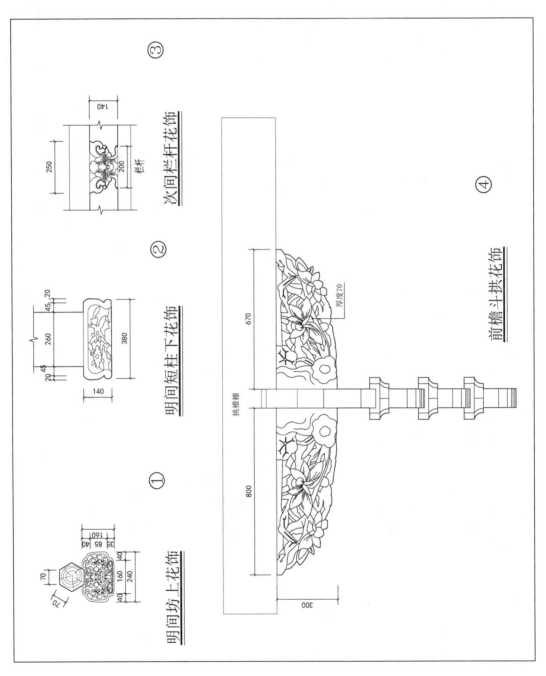

衣锦坊 31 号欧阳宅第二进主座花饰详图

四、衣锦坊 31 号欧阳宅第三进院落东厢房

（一）建筑现状描述

建筑编号：ZL-B4

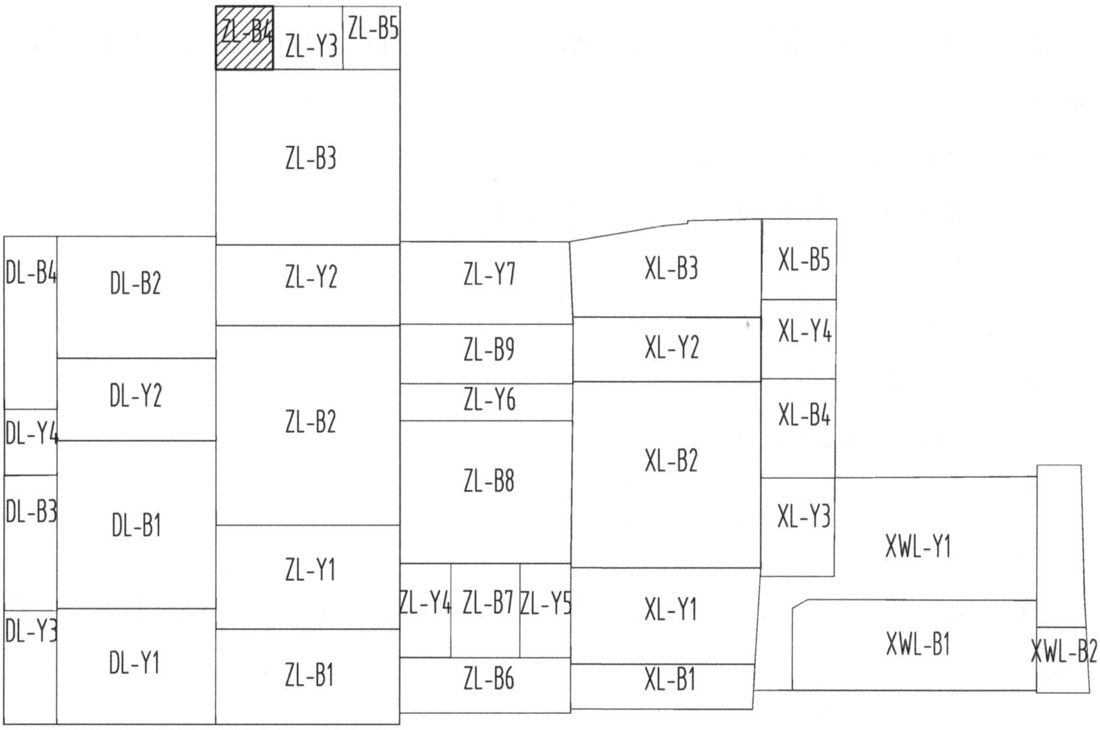

衣锦坊 31 号欧阳宅第三进院落东厢房位置图

1. 台明

现状残损：条石台明，基本完好。

残损类型：表面磨损。

残损原因：年久失修。

2. 地面

现状残损：地面为水泥抹面，破损严重。

残损类型：人为不当改造。

残损原因：人为改造。

3. 木构架

现状残损：二层木结构，为院落东厢房，结构体系尚存，但木柱开裂严重。一侧有楼梯上二层，涂刷绿色，二层窗户缺失，木裙板破损散乱严重。

残损类型：开裂、构件歪闪缺失、腐朽散乱、人为改造。

残损原因：年久失修，人为改建。

4. 墙体

现状残损：起甲、空鼓现象普遍，剥蚀严重，墙面因烟熏和受潮污染严重。部分墙面贴纸。

残损类型：起甲空鼓、雨水污染。

残损原因：雨水受潮，年久失修，人为改建。

5. 椽望

现状残损：椽子（板椽）普遍有雨水糟朽，大面积盐渍泛白。

残损类型：盐渍泛白、腐朽。

残损原因：雨水受潮，年久失修。

6. 装修

（1）首层

现状残损：开敞空间，无任何门窗墙体，厨房内有大量灶台，后加吊顶，破损不堪。

残损类型：人为改造。

残损原因：人为改造。

（2）二层

现状残损：废弃房间，门窗缺失，裙板和地板破损严重。

残损类型：门窗缺失、构件残破腐朽。

残损原因：年久失修。

7. 屋顶（单坡屋面）

现状残损：局部揭瓦做天窗，瓦面破损严重。

残损类型：瓦面碎裂、人为改造。

残损原因：年久失修，人为改造。

（二）部分现状照片

地面铺装残损现状

木构架残损现状

墙体残损现状

装修残损现状

（三）现状勘测图纸

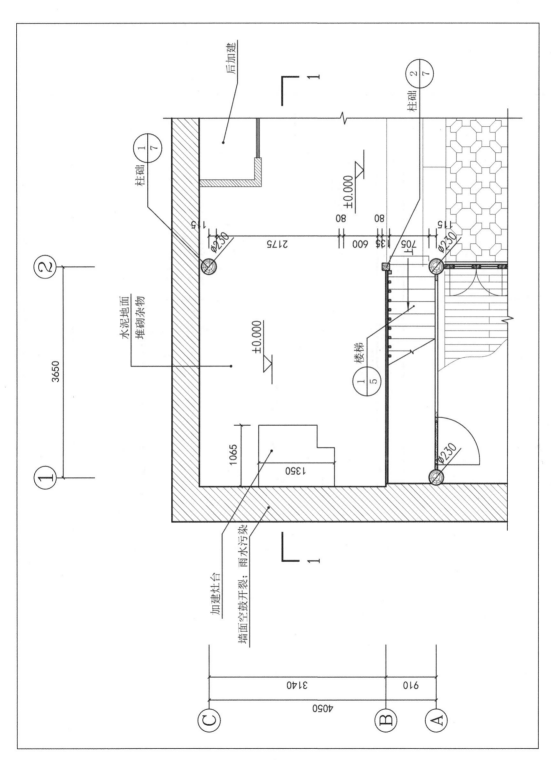

衣锦坊 31 号欧阳宅第三进院落东厢房一层平面图

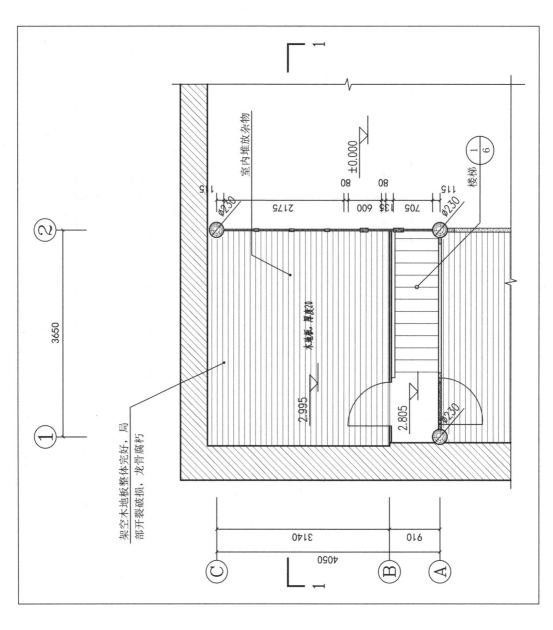

衣锦坊 31 号欧阳宅第三进院落东厢房二层平面图

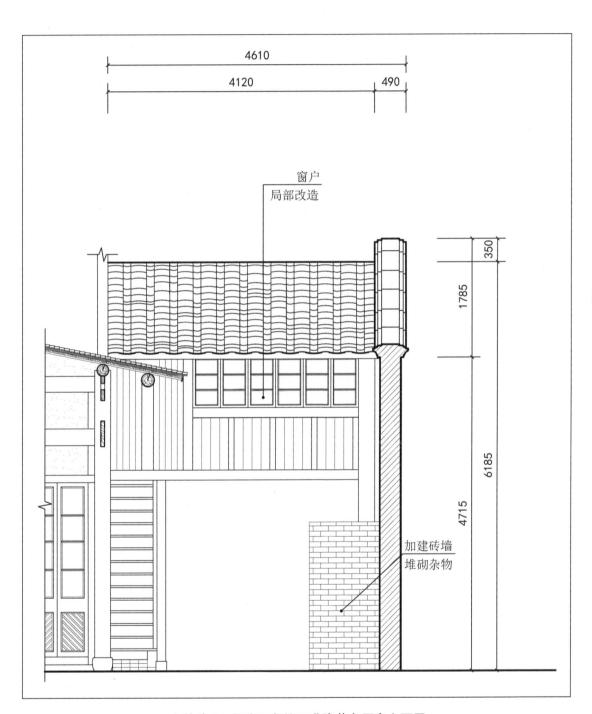

窗户
局部改造

4610
4120
490

350
1785
6185
4715

加建砖墙
堆砌杂物

衣锦坊 31 号欧阳宅第三进院落东厢房立面图

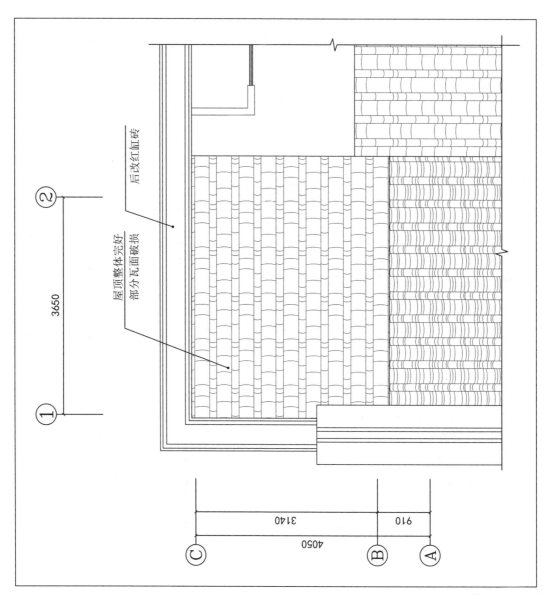

衣锦坊 31 号欧阳宅第三进院落东厢房屋顶俯视图

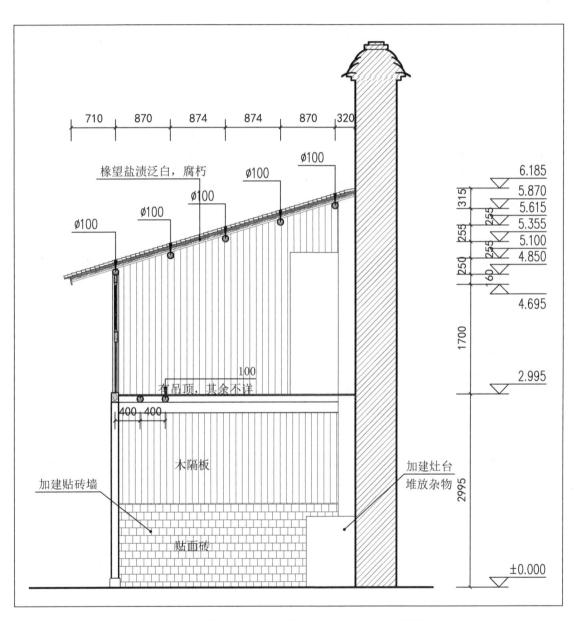

710　870　874　874　870　320

橡望盐渍泛白，腐朽

Ø100
Ø100
Ø100
Ø100
Ø100

6.185
5.870
5.615
5.355
5.100
4.850
4.695
2.995
±0.000

315
255
250
160
1700
2995

100

有吊顶，其余不详

400　400

木隔板

加建贴砖墙

贴面砖

加建灶台
堆放杂物

衣锦坊 31 号欧阳宅第三进院落东厢房 1-1 剖面图

101

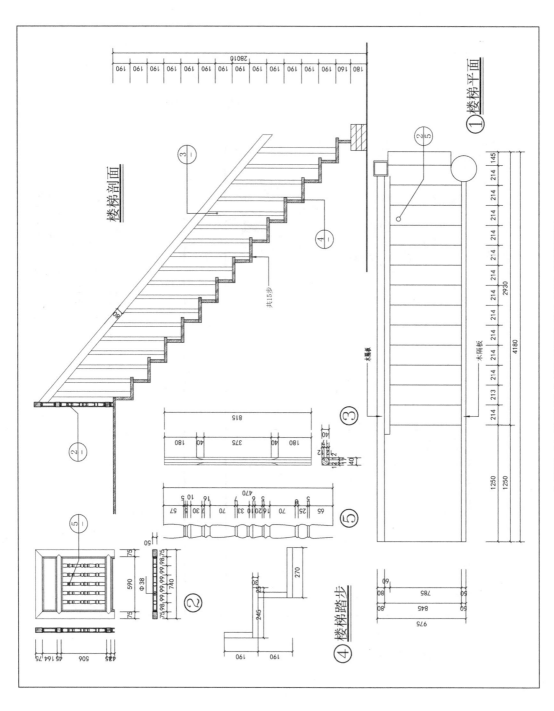

衣锦坊 31 号欧阳宅第三进院落东厢房楼梯详图

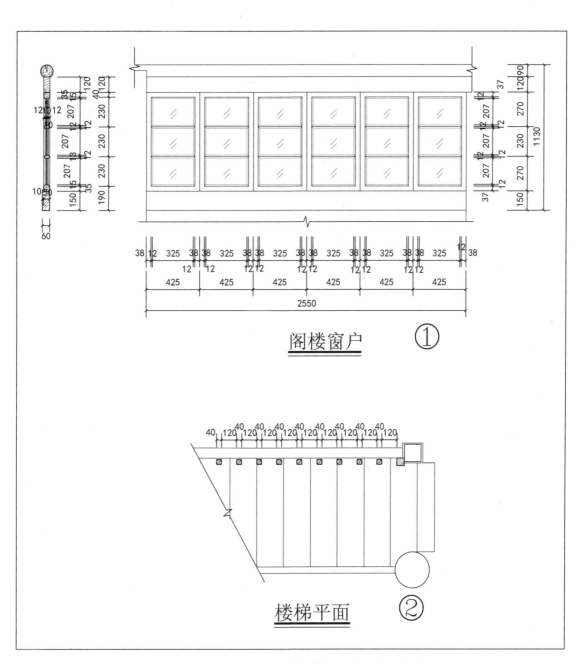

阁楼窗户　①

楼梯平面　②

衣锦坊 31 号欧阳宅第三进院落东厢房阁楼门窗详图

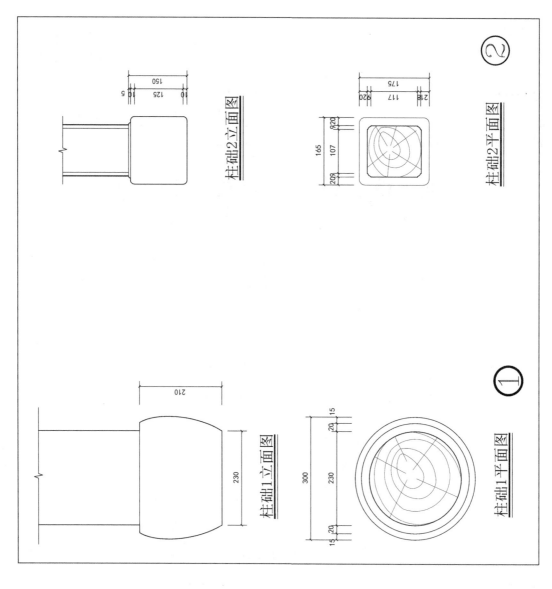

柱础2立面图

柱础2平面图

柱础1立面图

柱础1平面图

衣锦坊 31 号欧阳宅第三进院落东厢房柱础详图

五、衣锦坊 31 号欧阳宅第三进院落西厢房

（一）建筑现状描述

建筑编号：ZL-B5

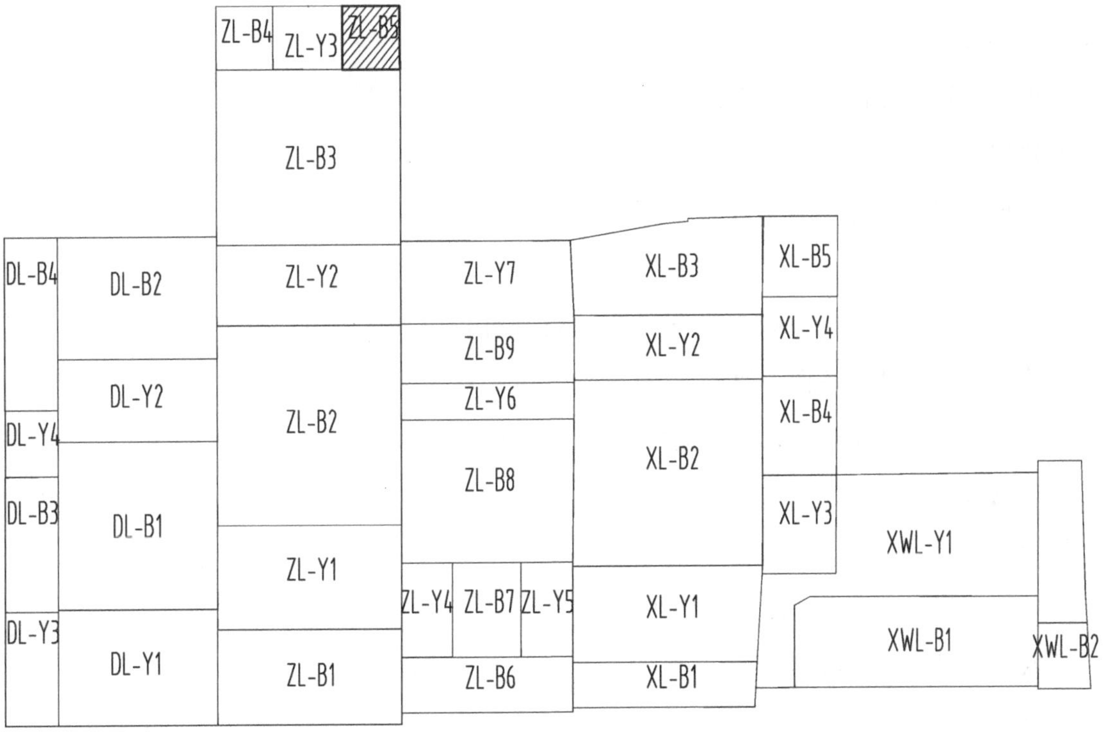

衣锦坊 31 号欧阳宅第三进院落西厢房位置图

1. 台明

现状残损：条石台明，院内后加砖房遮挡，基本完好。

残损类型：表面磨损。

残损原因：年久失修。

2. 地面

现状残损：室内无法进入，情况不明。

残损类型：不详。

残损原因：不详。

3. 木构架

现状残损：二层木结构，为院落西厢房，原结构体系仍在，一层改造成房间，木柱有开裂和涂刷痕迹。有楼梯上二层，二层原木结构体系保存较好，室内装修进行过改造。

残损类型：开裂、人为改造。

残损原因：年久失修，人为改建。

4. 墙体

现状残损：无法进入室内，情况不明。

残损类型：不详。

残损原因：不详。

5. 椽望

现状残损：桷子（板椽）部分糟朽，盐渍泛白。

残损类型：盐渍泛白、腐朽。

残损原因：雨水受潮，年久失修。

6. 装修

（1）首层

现状残损：后改造房间，室内不明。

残损类型：人为改造。

残损原因：人为改造。

（2）二层

现状残损：较东厢保存较好，后改玻璃窗。室内不明。

残损类型：人为改造。

残损原因：人为改造。

7. 屋顶（单坡屋面）

现状残损：局部揭瓦做天窗，瓦面破损严重。

残损类型：瓦面碎裂、人为改造。

残损原因：年久失修，人为改造。

（二）部分现状照片

地面铺装残损现状

墙体残损现状

装修残损现状

（三）现状勘测图纸

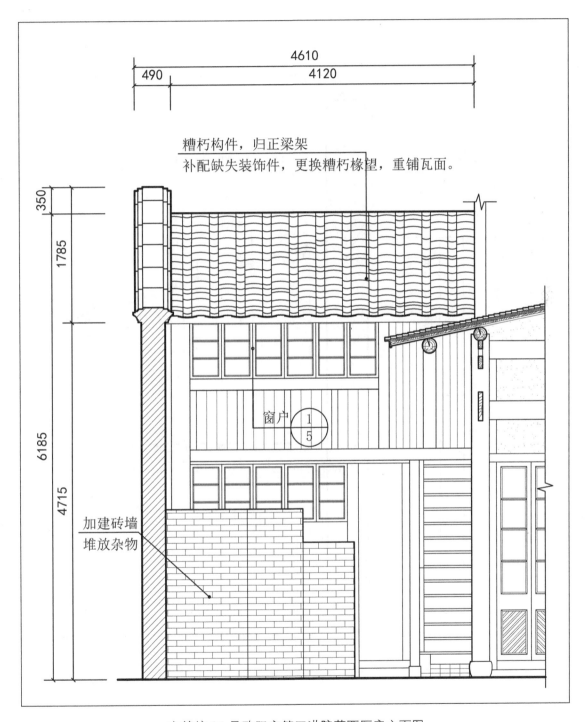

衣锦坊 31 号欧阳宅第三进院落西厢房立面图

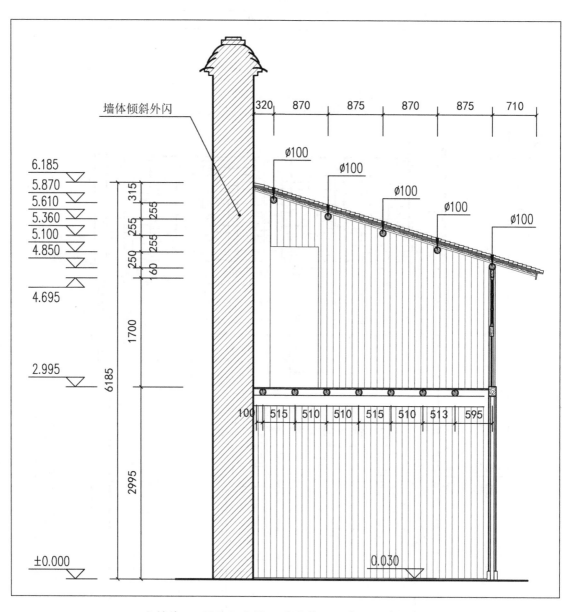

衣锦坊 31 号欧阳宅第三进院落西厢房 1—1 剖面图

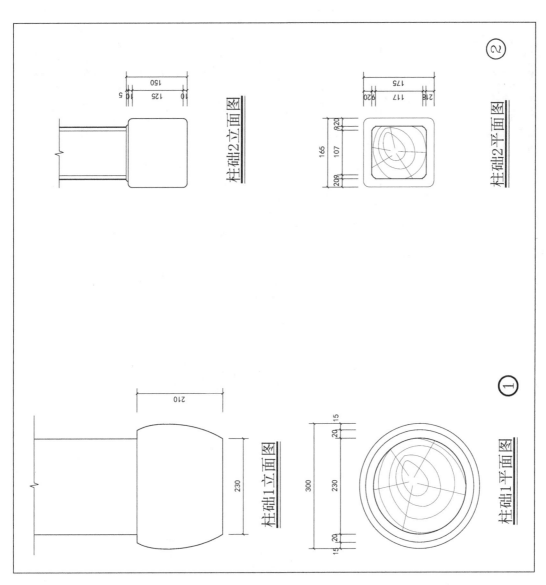

衣锦坊 31 号欧阳宅第三进院落西厢房柱础详图

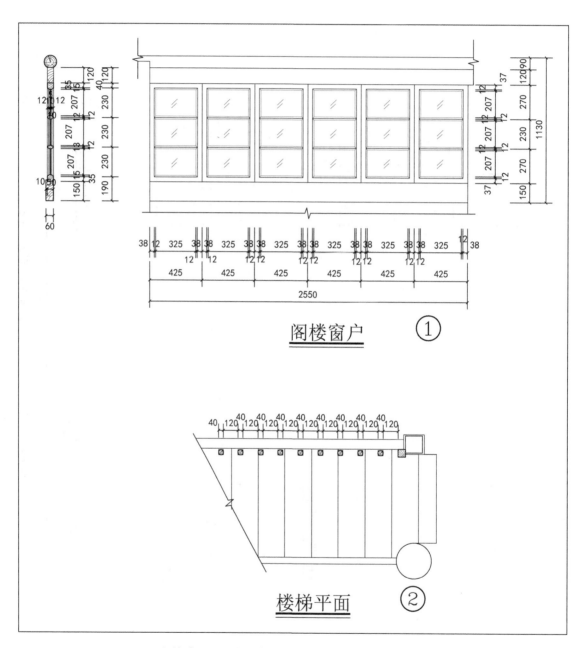

阁楼窗户 ①

楼梯平面 ②

衣锦坊 31 号欧阳宅第三进院落西厢房楼梯详图

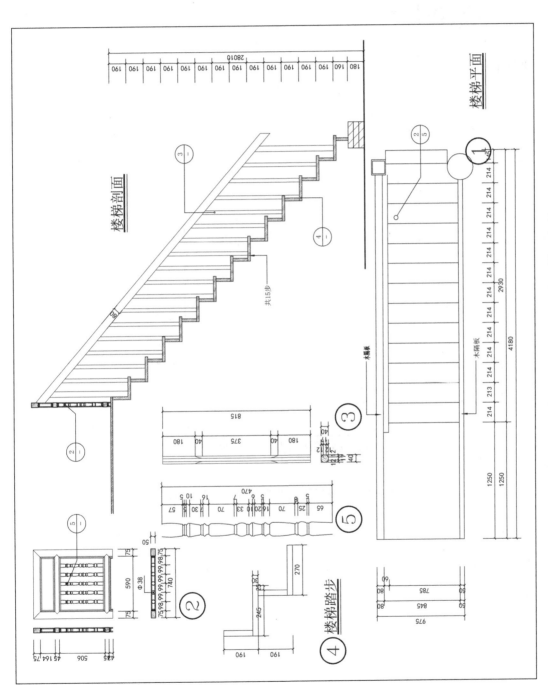

衣锦坊 31 号欧阳宅第三进院落西厢房阁楼门窗洋图

六、衣锦坊 31 号花厅院落北端倒座书房

（一）建筑现状描述

建筑编号：ZL-B6

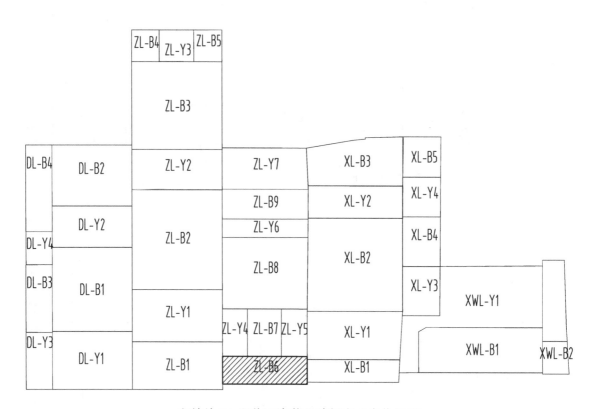

衣锦坊 31 号花厅院落北端倒座书房位置图

1. 台明

现状残损：石条台明，总体完好。部分条石轻微磨损，松动。

残损类型：位移松动、表面磨损。

残损原因：年久失修。

2. 地面

（1）明间

现状残损：架空木地板，龙骨腐朽，地板残破严重，部分残破处用铁皮覆盖加固。

残损类型：龙骨腐朽、地板开裂、磨损、人为不当改造。

残损原因：年久失修，人为改造。

（2）东、西次间

现状残损：架空木地板，地板有残破。

残损类型：龙骨腐朽、地板开裂、磨损、人为不当改造。

残损原因：年久失修，人为改造。

3.木构架

（1）明间

现状残损：梁架整体良好，柱檩和立枋等大木构件完整，普遍有虫蛀、开裂现象。檩下斗拱装饰保留齐全，部分构件歪闪。

残损类型：虫蛀、构件歪闪、缺失、开裂。

残损原因：年久失修，人为改建。

（2）东次间

现状残损：东山缝构架完好，大木件普遍开裂，立枋用竹藤箍加固。檩下斗拱装饰保留齐全，部分构件歪闪。

残损类型：开裂、构件歪闪松弛、人为改造。

残损原因：年久失修，人为改建。

（3）西次间

现状残损：有吊顶，构架整体良好，残损情况基本同东山缝。

残损类型：开裂、人为改造。

残损原因：年久失修，人为改建。

4.墙体

（1）明间

现状残损：梁架间的木骨泥墙粉刷层局部剥落，墙体有空鼓现象。

残损类型：墙体外闪、空鼓变形、起甲剥落、雨水受潮。

残损原因：雨水受潮，年久失修，人为改建。

（2）东次间

现状残损：山墙大面积空鼓，整体完好，局部剥落，后墙（北墙）严重外闪，与木柱脱离最大达30厘米。

残损类型：墙体外闪、空鼓变形、起甲剥落、雨水受潮。

残损原因：雨水受潮，年久失修，人为改建。

（3）西次间

现状残损：基本同东次间，后墙轻微外闪。

残损类型：墙体外闪、空鼓变形、起甲剥落、雨水受潮。

残损原因：雨水受潮，年久失修，人为改建。

5. 椽望

现状残损：部分桷子（板椽）糟朽，望板大面积盐渍泛白，明间椽望较东西两间稍好。

残损类型：盐渍泛白、腐朽。

残损原因：雨水受潮，年久失修。

6. 装修

（1）明间

现状残损：原有隔扇门窗保留完整，花扇门挡完整，艺术价值高，部分图案有缺失。

残损类型：构件缺失、磨损残缺。

残损原因：年久失修。

（2）东次间

现状残损：原有门窗隔扇保留完整，部分构件上的花饰有缺失。

残损类型：构件缺失、磨损。

残损原因：年久失修。

（3）西次间

现状残损：原有门窗隔扇保留完整，部分室内原有的家具保留完整。构件有破损。

残损类型：构件缺失、油漆剥落。

残损原因：年久失修。

7. 屋顶（双坡屋面）

现状残损：保存状况较好。

残损类型：少量瓦面碎裂。

残损原因：年久失修。

（二）部分现状照片

地面铺装残损现状

木构架残损现状

椽望残损现状

装修残损现状

（三）现状勘测图纸

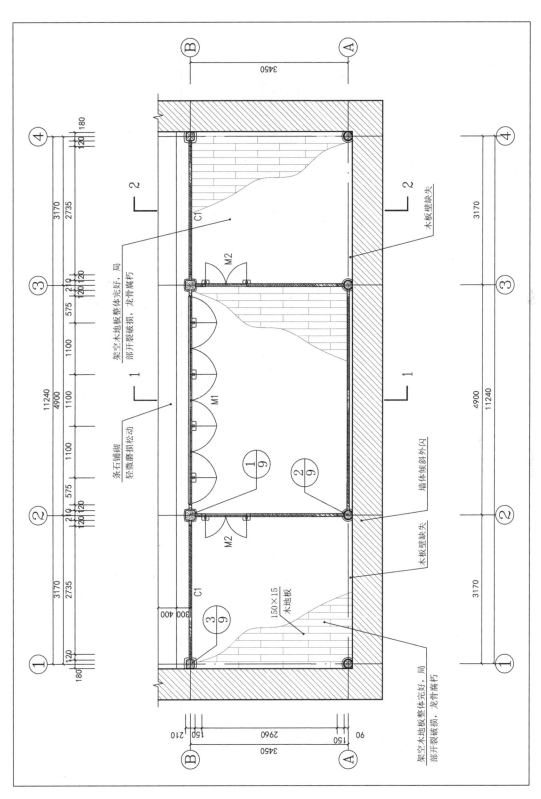

衣锦坊 31 号花厅院落北端倒座书房平面图

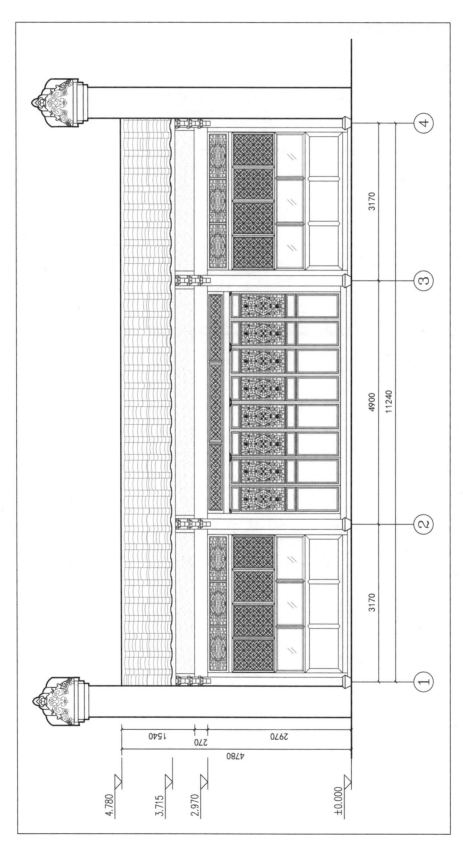

衣锦坊 31 号花厅院落北端倒座书房立面图

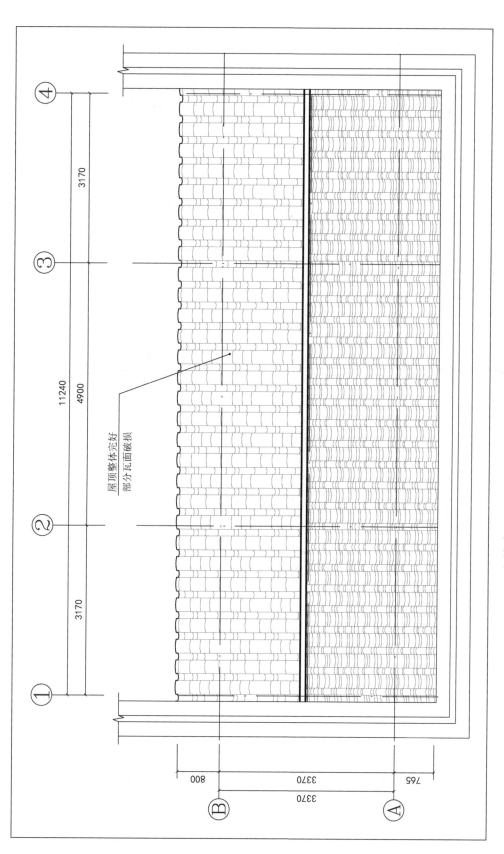

屋顶整体完好
部分瓦面破损

衣锦坊 31 号花厅院落北端倒座书房屋顶俯视图

121

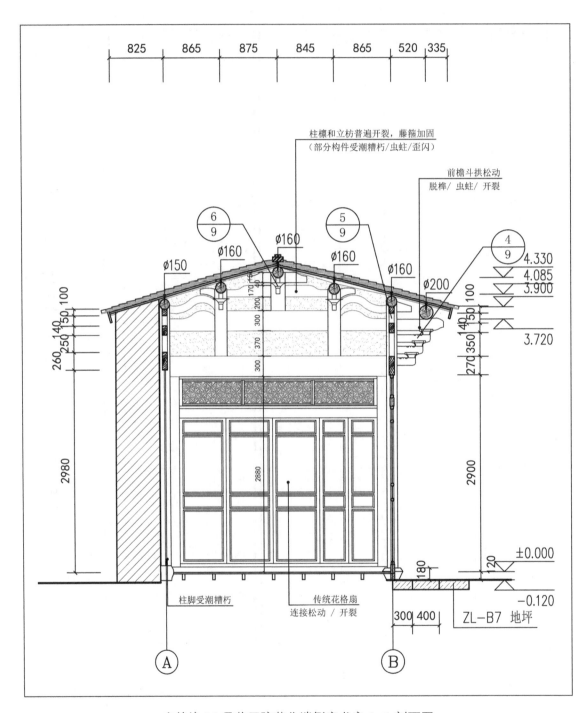

825 865 875 845 865 520 335

柱檩和立枋普遍开裂，藤箍加固
（部分构件受潮糟朽/虫蛀/歪闪）

前檐斗拱松动
脱榫/ 虫蛀/ 开裂

6
9

5
9

4
9

Ø150 Ø160 Ø160 Ø160 Ø160 Ø200

4.330
4.085
3.900

3.720

260 250 150 140 100

170 40 300 370 300 200

2980

2880

27 350 140 150 100

2900

柱脚受潮糟朽

传统花格扇
连接松动 / 开裂

180

±0.000

120

-0.120

300 400

ZL-B7 地坪

A

B

衣锦坊 31 号花厅院落北端倒座书房 1-1 剖面图

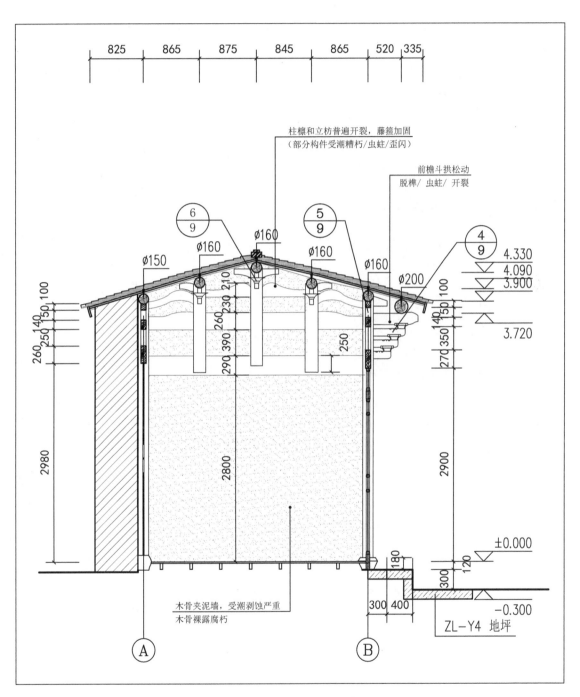

825　865　875　845　865　520　335

柱檩和立枋普遍开裂，藤箍加固
（部分构件受潮糟朽/虫蛀/歪闪）

前檐斗拱松动
脱榫/ 虫蛀/ 开裂

6/9　5/9　4/9

Ø150　Ø160　Ø160　Ø160　Ø160　Ø200

4.330
4.090
3.900

3.720

260 140 150 100

250 250

210 230 260 290 390

250

2800

2980

2900

27 350 140 150 100

木骨夹泥墙，受潮剥蚀严重
木骨裸露腐朽

±0.000

180 120

300

300　400

−0.300

ZL−Y4 地坪

A　B

衣锦坊31号花厅院落北端倒座书房2-2剖面图

123

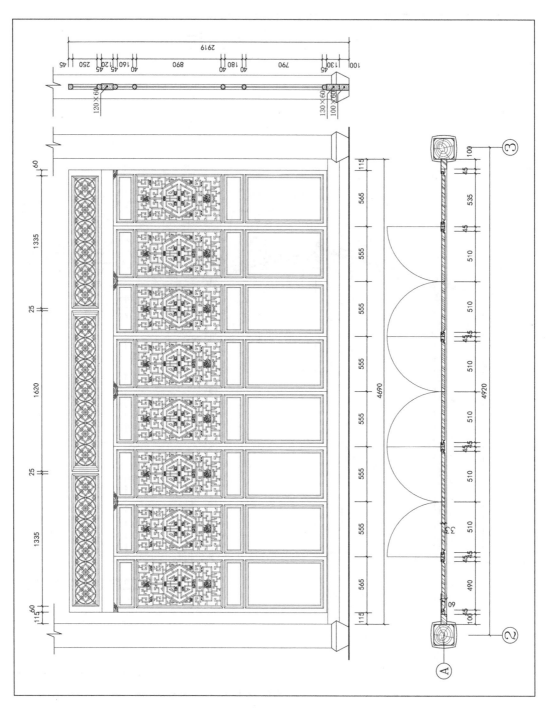

衣锦坊 31 号花厅院落北端倒座书房门窗详图（一）

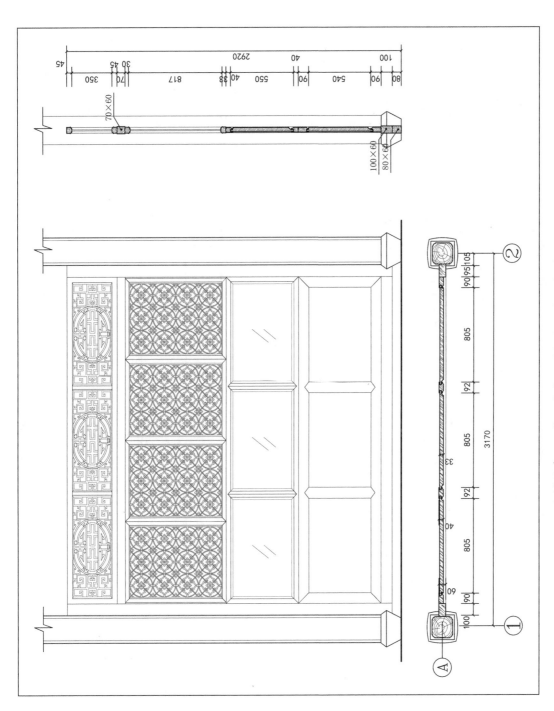

衣锦坊 31 号花厅院落北端倒座书房门窗详图（二）

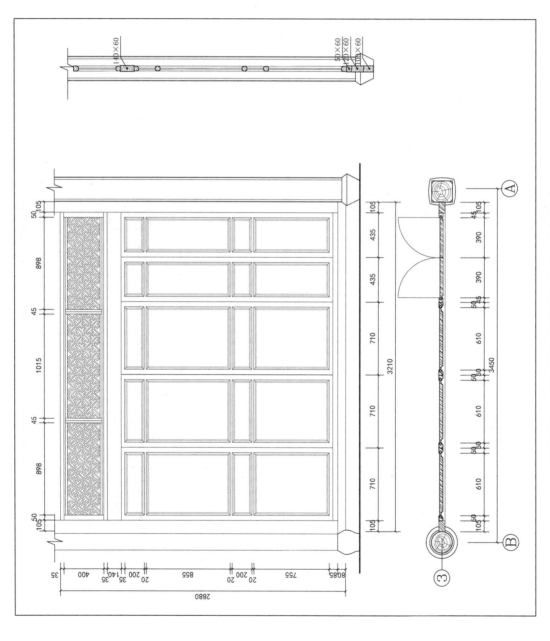

衣锦坊 31 号花厅院落北端倒座书房门窗详图（三）

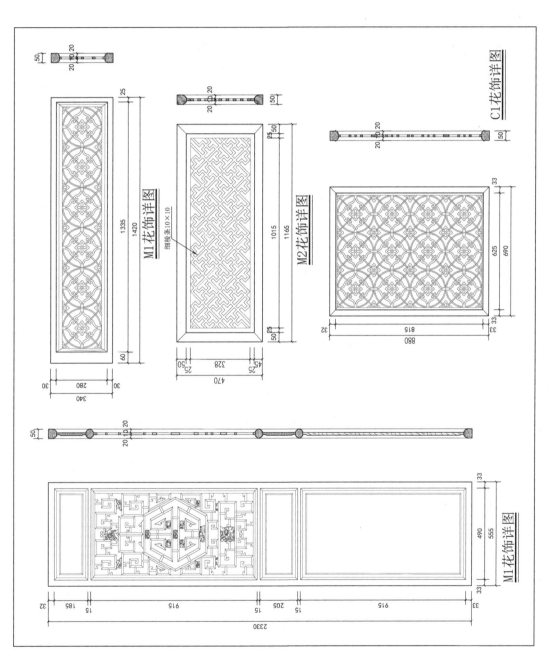

衣锦坊 31 号花厅庭落北端倒座书房花饰详图（一）

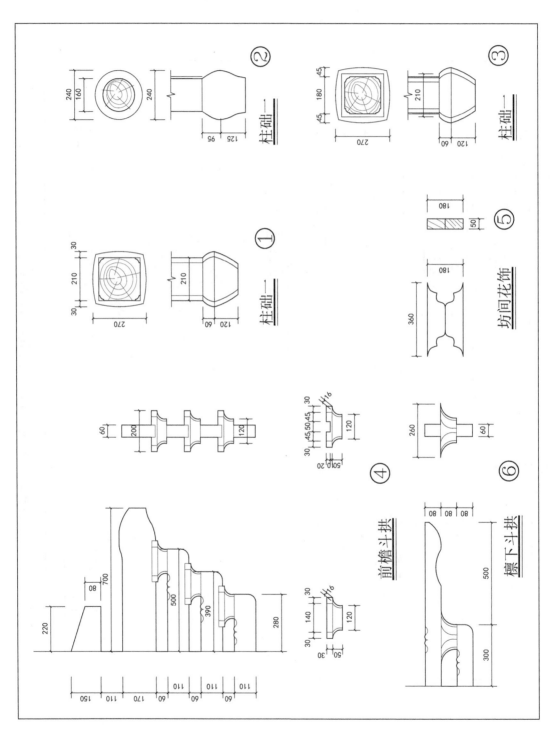

衣锦坊 31 号花厅院落北端倒座书房花饰详图（二）

七、衣锦坊31号花厅院落覆龟亭、东小院、西小院

（一）建筑现状描述

覆龟亭

建筑编号：ZL-B7

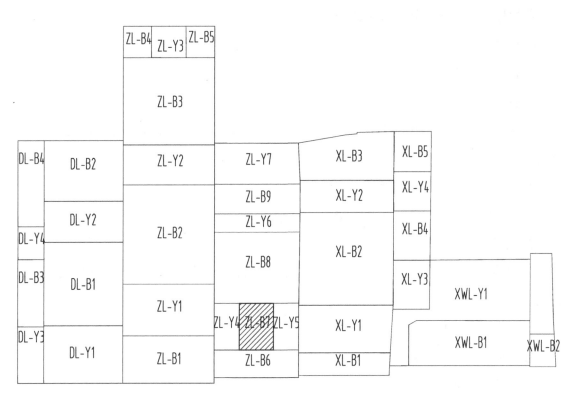

衣锦坊31号花厅院落覆龟亭位置图

1. 台明

现状残损：条石台明，基本完好，轻微磨损。

残损类型：表面磨损。

残损原因：年久失修。

2. 地面

现状残损：六角形地砖，尺寸较大，据主人称是花厅原地面。总体较好，表面褪

色，滋生青苔。

残损类型：表面磨损、青苔滋生。

残损原因：年久失修，人为改造。

3. 木构架

现状残损：独立开敞的四柱木结构双坡建筑，结构体系完好，但木柱开裂严重。檩枋梁架部分装饰构件有缺失，美人靠后来改造。

残损类型：开裂、构件缺失、人为改造。

残损原因：年久失修，人为改建。

4. 墙体

现状残损：无墙体。

5. 椽望

现状残损：有船篷轩吊顶，桷子（板椽）普遍有雨水糟朽，顶棚受潮痕迹，盐渍泛白。

残损类型：盐渍泛白、腐朽。

残损原因：雨水受潮，年久失修。

6. 装修

现状残损：无任何门窗等装修构件，结构装饰件丰富，部分装饰件缺失、开裂、歪闪。

残损类型：构件缺失、开裂、歪闪。

残损原因：年久失修。

7. 屋顶（双坡屋面）

现状残损：瓦面保留较好，轻微破损。

残损类型：瓦面破损。

残损原因：年久失修。

覆龟亭东小院

建筑编号：ZL-Y4

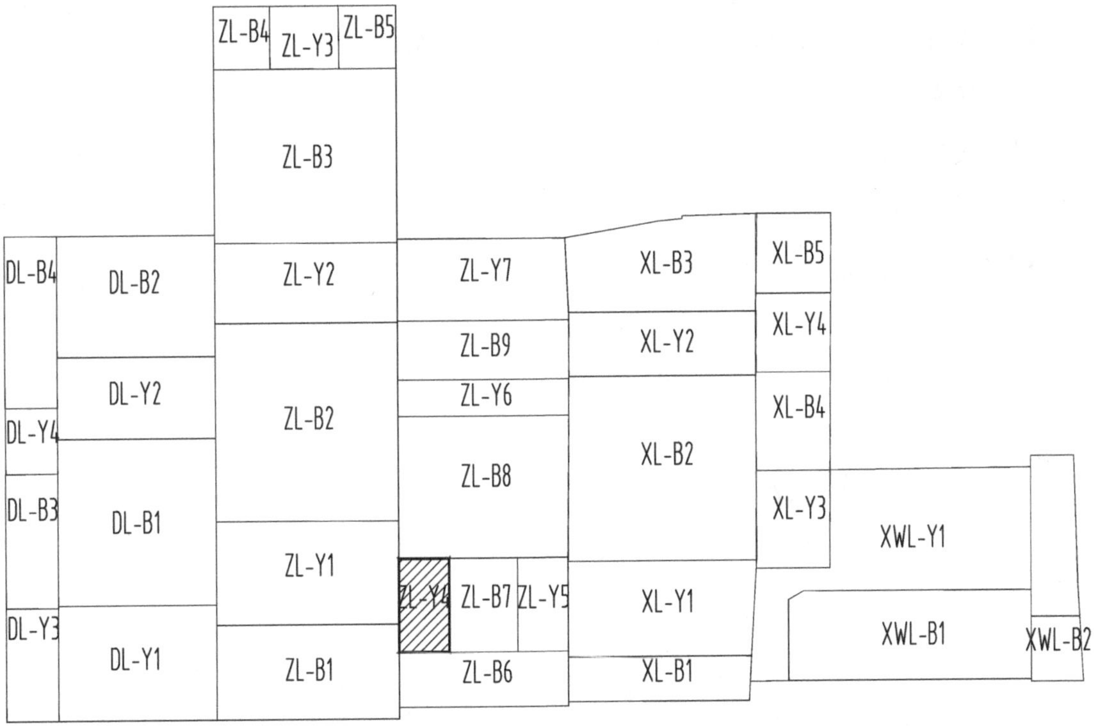

衣锦坊31号花厅院落东小院

1. 地面

现状残损：地面由大条石铺砌，形式完好，水池等构筑物，占据院落。

残损类型：表面磨损。

残损原因：年久失修。

2. 墙体

现状残损：墙皮受潮，墙面雨水污渍、滋生苔藓。

残损类型：受潮开裂、滋生青苔。

残损原因：雨水受潮，年久失修。

3. 建筑

现状残损：靠东墙下砖砌倒角花台一座，造型细致，结构完整，为历史原物。花台上苔藓滋生严重。院北后砌洗衣池一座，红砖水泥。

残损类型：滋生青苔、人为改建。

残损原因：人为改建。

4. 植被

现状残损：花台上植树一株，高达墙头，长势良好。

5. 附属文物

现状残损：无。

覆龟亭西小院

建筑编号：ZL-Y5

衣锦坊 31 号花厅院落东小院

1. 地面

现状残损：地面由大条石铺砌，形式完好，部分条石碎裂，下沉松动。

残损类型：表面磨损、碎裂松动。

残损原因：年久失修。

2. 墙体

现状残损：墙皮受潮，有明显后补痕迹，据说墙上原有大门与西落相通。

残损类型：受潮开裂、滋生青苔。

残损原因：雨水受潮，年久失修。

3. 建筑

现状残损：靠东墙下砖砌倒角花台一座，造型细致，结构完整，为历史原物。花台上苔藓滋生严重。花台旁另围砖池，堆放杂物。

残损类型：滋生青苔、不当改造。

残损原因：人为改建。

4. 植被

现状残损：花台上植葡萄一株，高达墙头，长势良好。

5. 附属文物

现状残损：院内花台前有石墩石凳若干，为花厅原物。

（二）部分现状照片

覆龟亭

地面铺装残损现状

木构架残损现状

木构架残损现状

椽望残损现状

装修残损现状

覆龟亭东小院

地面铺装、墙体残损现状

建筑残损现状

建筑残损现状

植被

覆龟亭西小院

地面铺装残损现状

墙体残损现状

建筑、附属文物残损现状

（三）现状勘测图纸

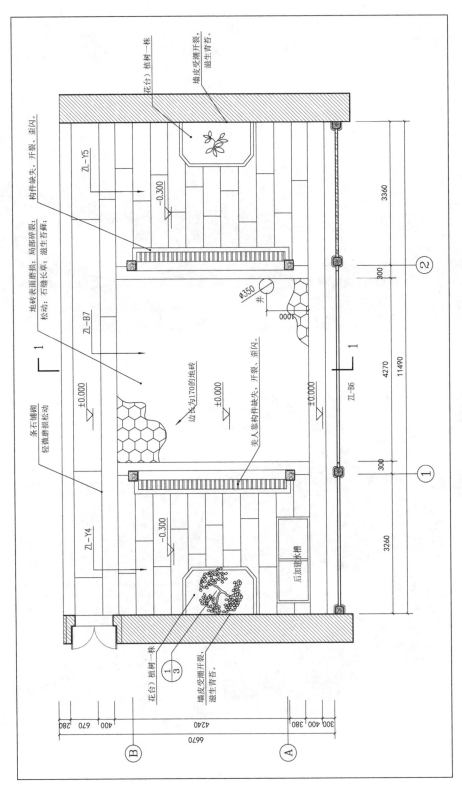

衣锦坊 31 号花厅院落覆龟亭、东小院、西小院平面图

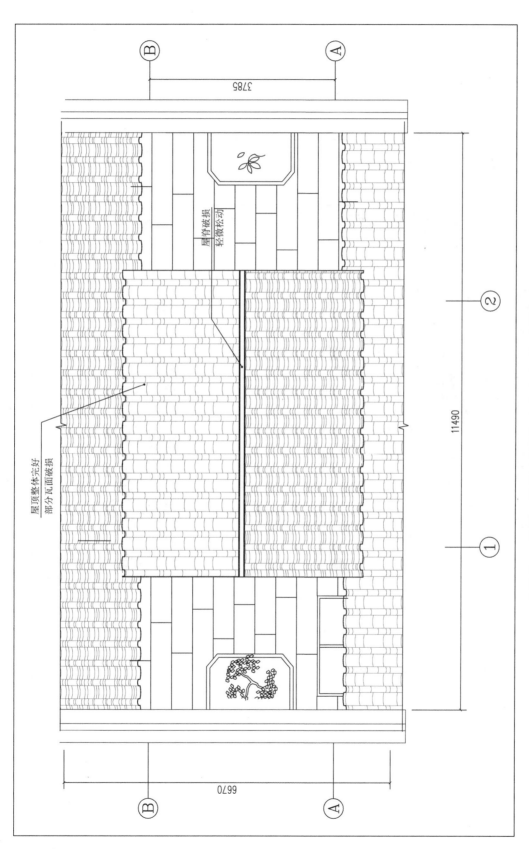

衣锦坊 31 号花厅院落落覆龟亭、东小院、西小院屋顶俯视图

屋脊破损
轻微松动

屋顶整体完好
部分瓦面破损

3785

11490

6670

Ⓐ Ⓑ ① ②

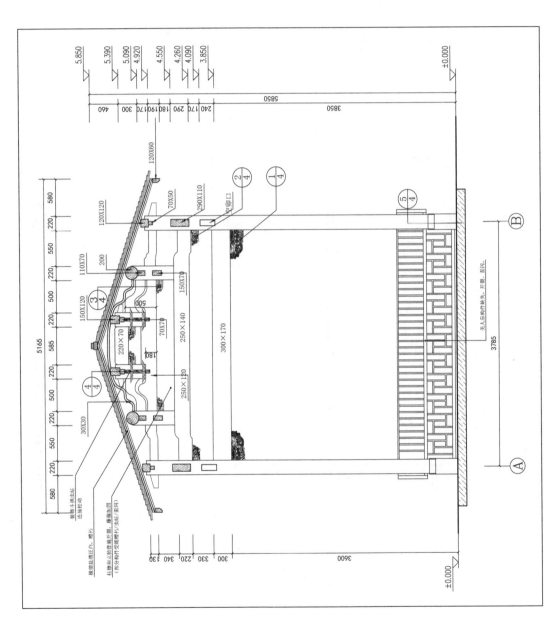

衣锦坊 31 号花厅院落覆龟亭、东小院、西小院 1—1 剖面图

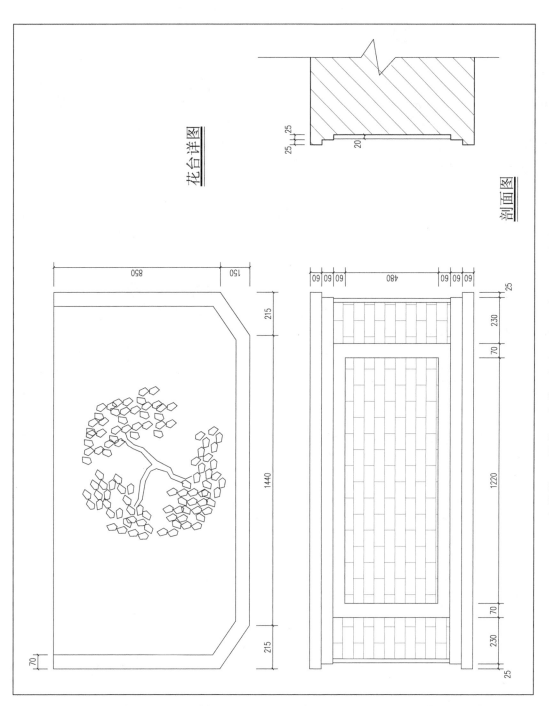

花台详图

剖面图

衣锦坊 31 号花厅院落覆龟亭、东小院、西小院花台详图

143

衣锦坊 31 号花厅院落落覆龟亭、东小院、西小院花饰详图

八、衣锦坊 31 号花厅院主座、主座后院

（一）建筑现状描述

主座

建筑编号：ZL-B8

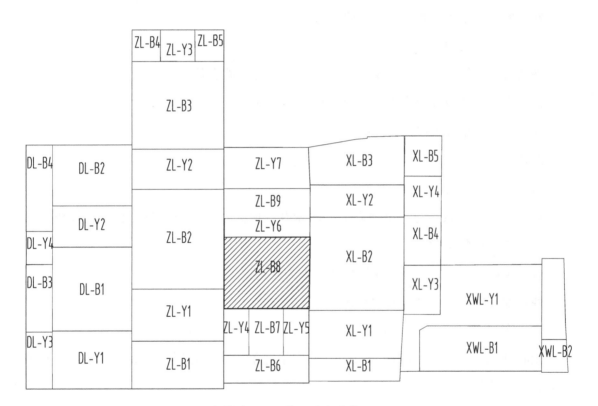

衣锦坊 31 号花厅院主座位置图

1. 台明

（1）前檐台明

现状残损：总体完好，石阶为通石条，轻微磨损。

残损类型：表面磨损、位移松动、杂草滋生。

残损原因：年久失修。

（2）后檐台明

现状残损：石条铺砌，部分石条位移松动，高低不平，石缝长杂草。

残损类型：表面磨损、位移松动、杂草滋生。

残损原因：年久失修。

2. 地面

（1）明间

现状残损：前檐廊为大石条铺砌，堂屋为架空木地板，木龙骨年久腐朽，承载力脆弱，地板多处开裂破损，用铁皮覆盖。

残损类型：地板开裂磨损、龙骨腐朽、人为改造。

残损原因：年久失修，人为改建。

（2）东、西次间

现状残损：架空木地板，龙骨年久腐朽，地板开裂破损。

残损类型：地板开裂磨损、龙骨腐朽、人为改造。

残损原因：年久失修，人为改建。

3. 木构架

（1）明间

现状残损：木板吊顶，吊顶以上勘测未及，所见构架完整，整体良好，柱枋存在开裂、虫蛀，用藤条箍加固，檩下斗拱歪闪。

残损类型：开裂、虫蛀、连接松弛、人为改造。

残损原因：年久失修，人为改建。

（2）东次间

现状残损：吊顶以上勘测未及，所见构架完整，柱子开裂，虫蛀，后檐挑檐斗拱歪闪，部分构件后改。

残损类型：虫蛀、顺纹开裂、人为改造。

残损原因：年久失修，人为改建。

（3）西次间

现状残损：基本同东次间，构架完整，普遍存在开裂现象。

残损类型：开裂、连接松弛。

残损原因：年久失修，人为改建。

4. 墙体

现状残损：墙体受潮，起甲空鼓现象普遍，局部轻微剥落。

残损类型：雨水受潮、起甲空鼓。

残损原因：雨水受潮，年久失修，人为改建。

5. 椽望

现状残损：吊顶以上勘测未及，檐口处部分椽子（板椽）被雨水糟朽，盐渍泛白。

残损类型：雨水糟朽、盐渍泛白。

残损原因：雨水受潮，年久失修。

6. 装修

（1）明间

现状残损：各处门窗装修完整，艺术价值突出，部分窗扇装饰纹样缺失。

残损类型：构件缺失、磨损残缺。

残损原因：年久失修。

（2）东次间

现状残损：门窗装修保存完好，部分花扇的装饰纹样缺失。

残损类型：构件缺失、磨损。

残损原因：年久失修。

（3）西次间

现状残损：门窗保留较好，部分构件连接松弛，纹样缺失。

残损类型：构件缺失、连接松弛。

残损原因：年久失修。

7. 屋顶（双坡屋面）

现状残损：保存状况完好。

主座后院

建筑编号：ZL-Y6

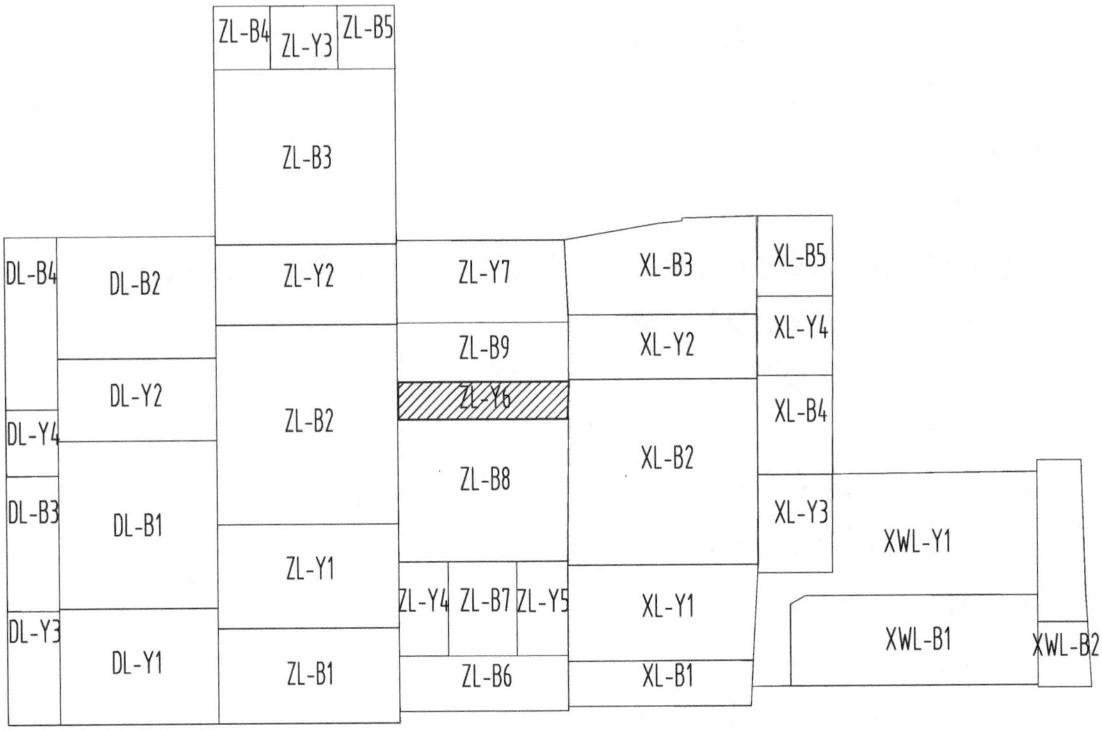

衣锦坊31号花厅院主座后院位置图

1. 地面

现状残损：地面由大条石铺砌，形式完好，部分条石开裂，下沉松动。

残损类型：表面磨损、碎裂松动。

残损原因：年久失修。

2. 墙体

现状残损：墙皮受潮，空鼓剥落现象普遍，墙面有纵向开裂。

残损类型：受潮开裂、滋生青苔。

残损原因：雨水受潮，年久失修。

3. 建筑

现状残损：东厢为一个转角楼梯，立柱歪闪，柱脚糟朽严重，踏步栏杆歪斜，险情严重，西厢为一短廊与后墙相接，构架整体较好，构件普遍开裂。

残损类型：结构歪闪、木构开裂、糟朽、构件连接松弛。

残损原因：年久失修。

4.植被

现状残损：无。

5.附属文物

现状残损：无。

（二）部分现状照片

主座

地面铺装残损现状

木构架残损现状

墙体残损现状

椽望残损现状

装修残损现状

屋顶残损现状

主座后院

地面铺装残损现状

墙体残损现状

建筑残损现状

（三）现状勘测图纸

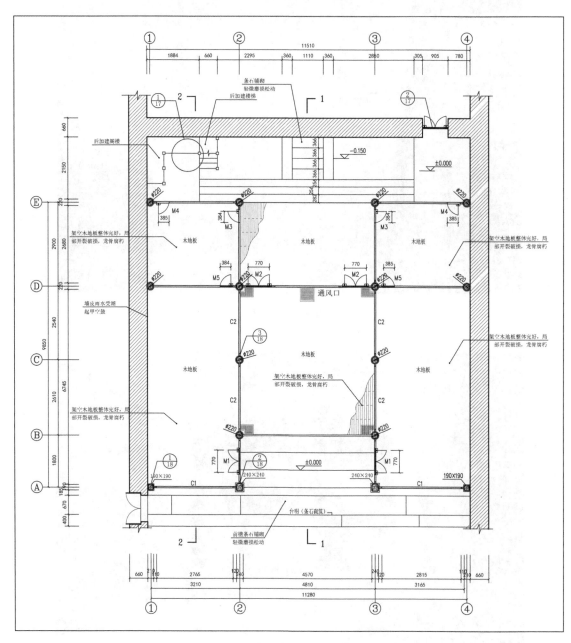

衣锦坊 31 号花厅院主座、主座后院平面图

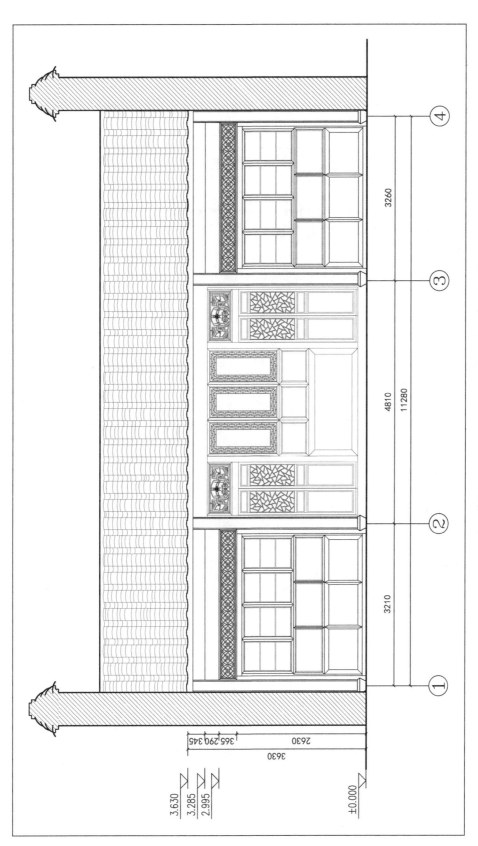

衣锦坊 31 号花厅院主座、主座后院前檐立面图

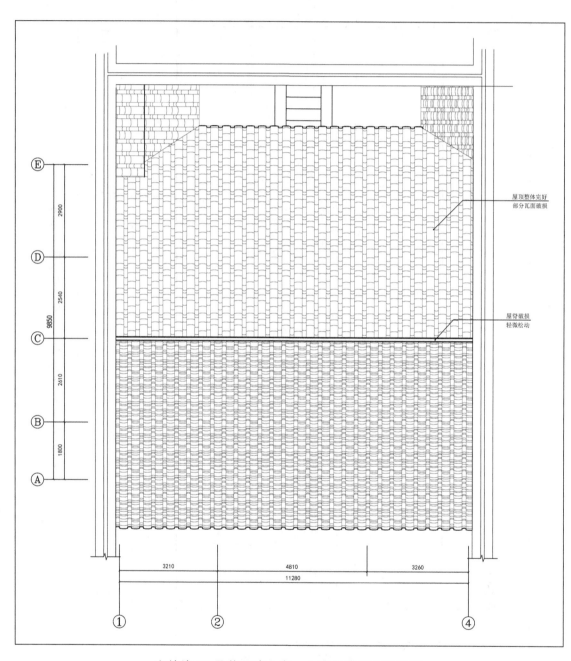

衣锦坊 31 号花厅院主座、主座后院屋顶俯视图

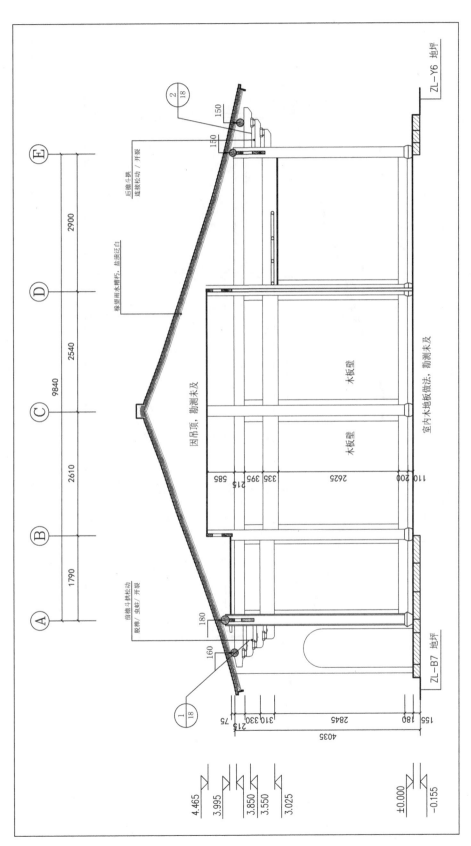

衣锦坊 31 号花厅院主座、主座后院 1-1 剖面图

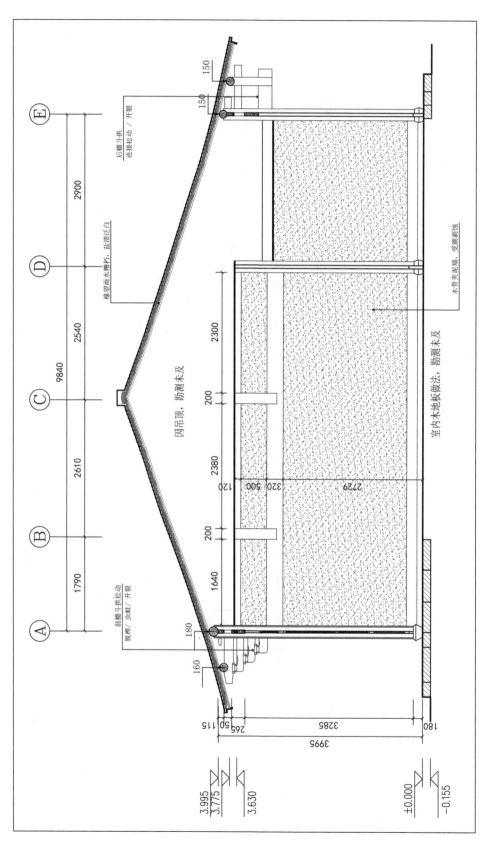

衣锦坊 31 号花厅后院主座、主座后院 2-2 剖面图

158

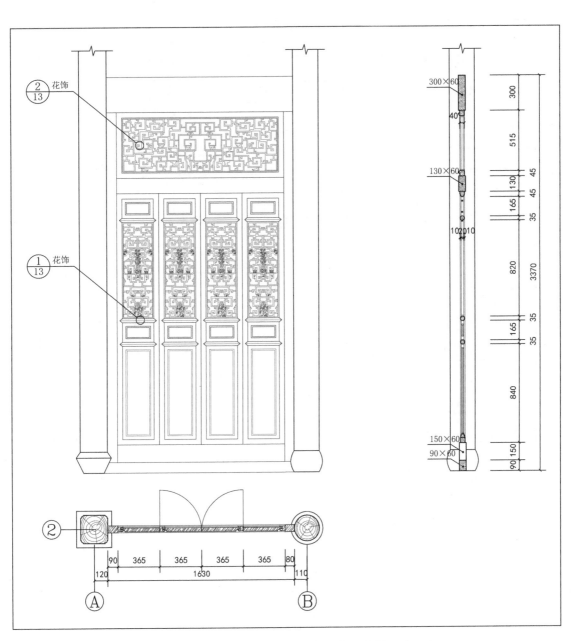

衣锦坊 31 号花厅院主座、主座后院门窗详图（一）

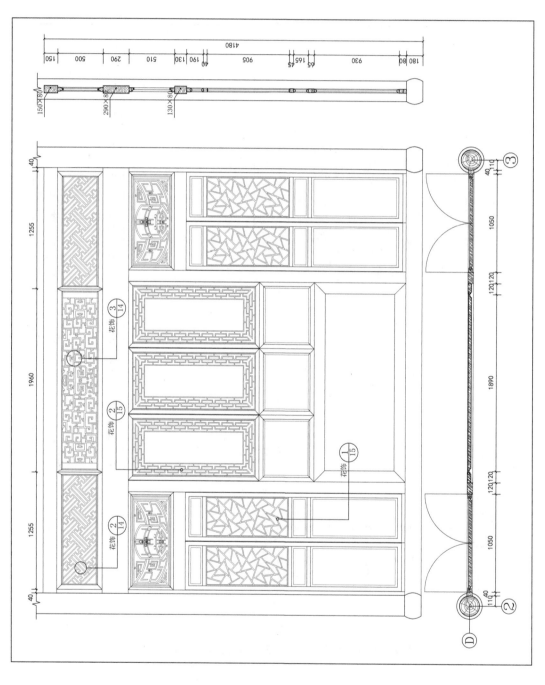

衣锦坊 31 号花厅院主座、主座后院门窗详图（二）

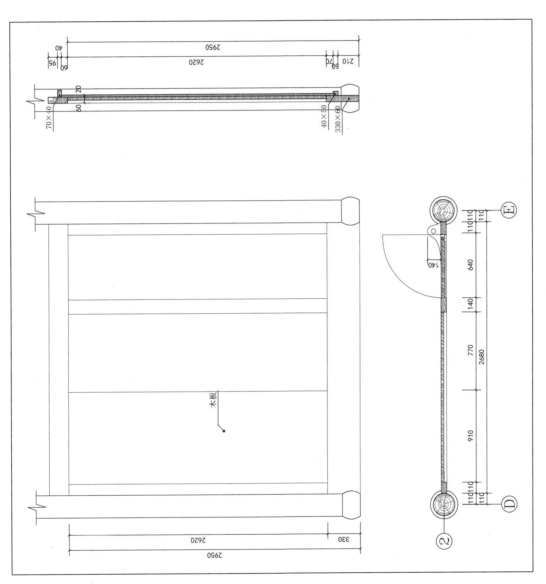

衣锦坊 31 号花厅院主座、主座后院门窗详图（三）

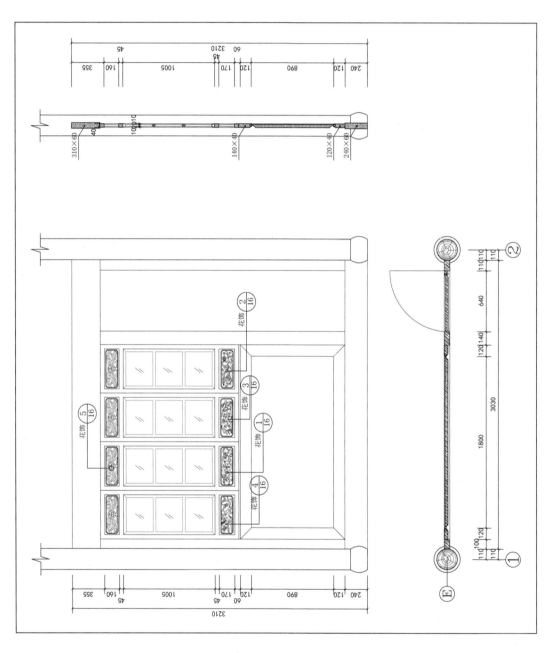

衣锦坊 31 号花厅院主座、主座后院门窗详图（四）

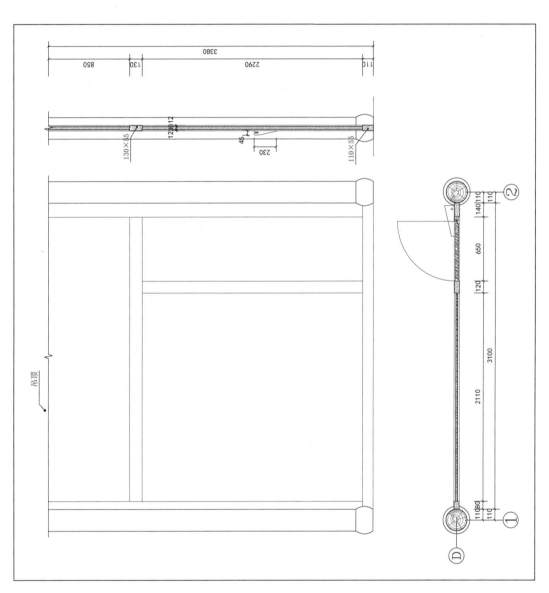

衣锦坊 31 号花厅院主座、主座后院门窗详图（五）

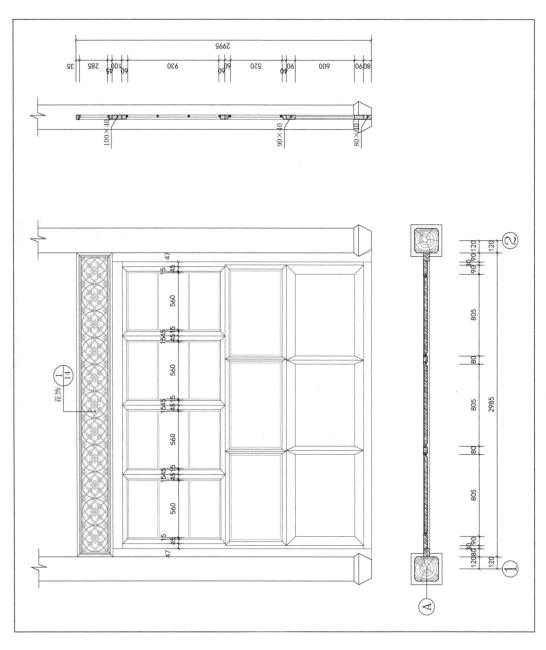

衣锦坊 31 号花厅院主座、主座后院门窗详图（六）

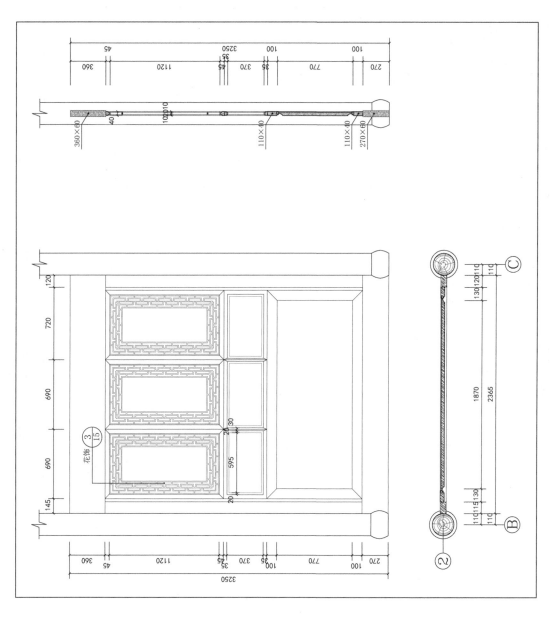

衣锦坊 31 号花厅院主座、主座后院门窗详图（七）

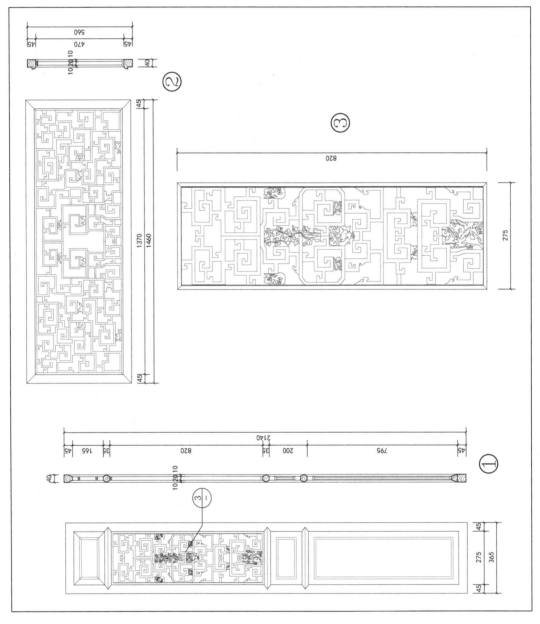

衣锦坊 31 号花厅院主座、主座后院花饰详图（一）

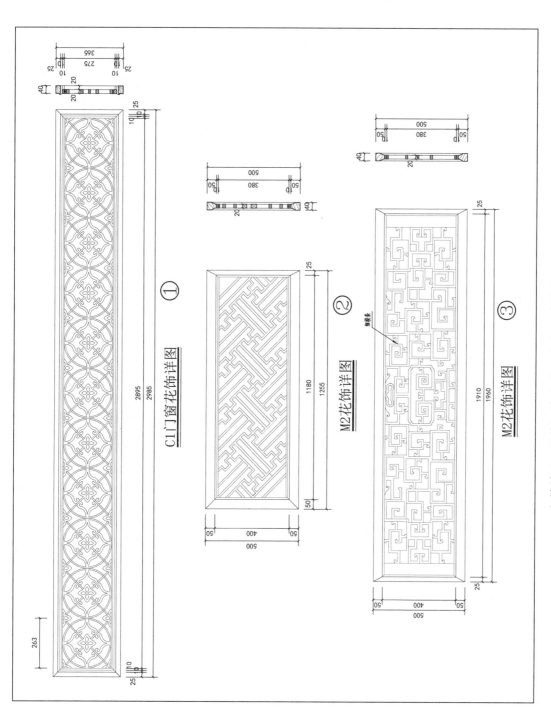

衣锦坊 31 号花厅院主座、主座后院花饰详图（二）

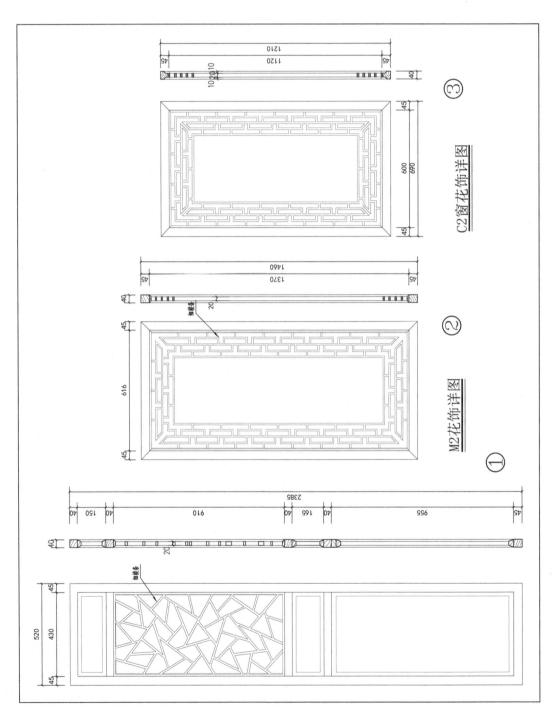

衣锦坊 31 号花花厅主座、主座后院花饰详图（三）

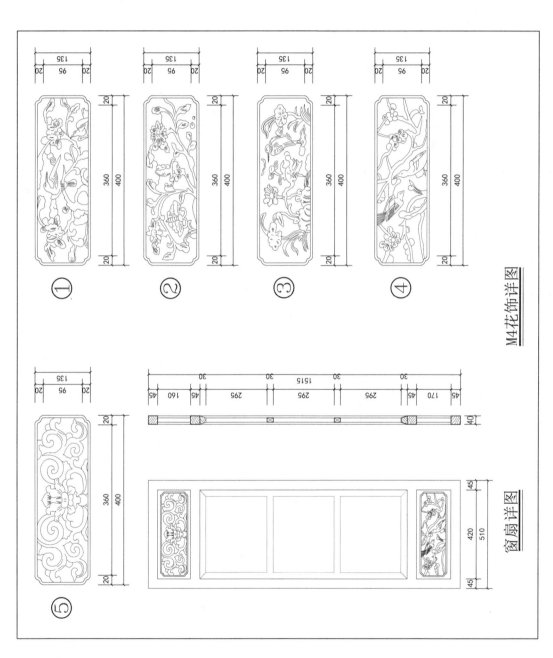

M4花饰详图

窗扇详图

衣锦坊 31 号花厅院主座、主座后院花饰详图（四）

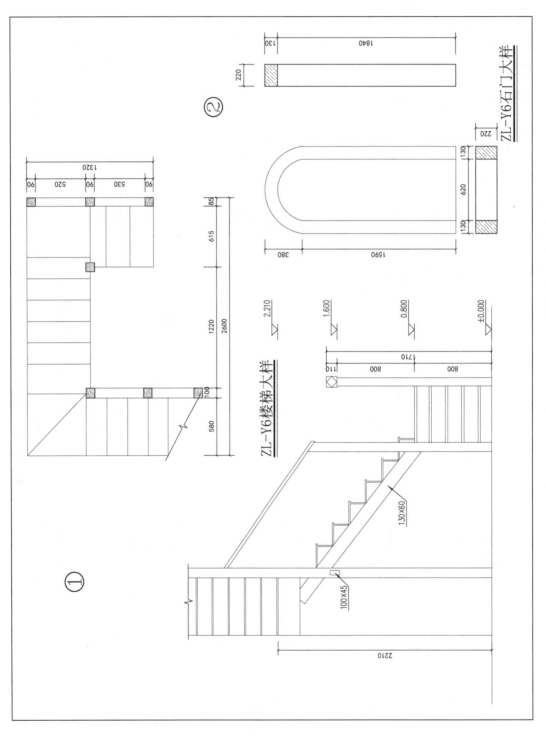

衣锦坊 31 号花厅院主座、主座后院楼梯右门大样图

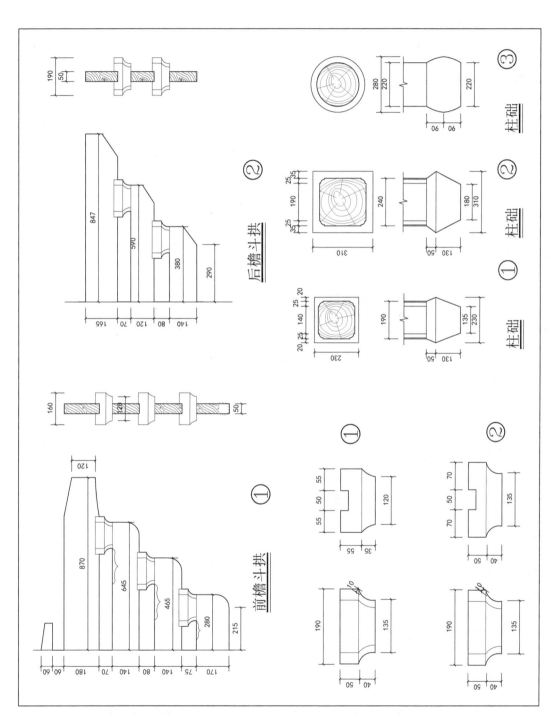

衣锦坊 31 号花厅院主座、主座后院斗拱柱础详图

九、衣锦坊 31 号花厅院落南端倒座绣房

（一）建筑现状描述

建筑编号：ZL-B9

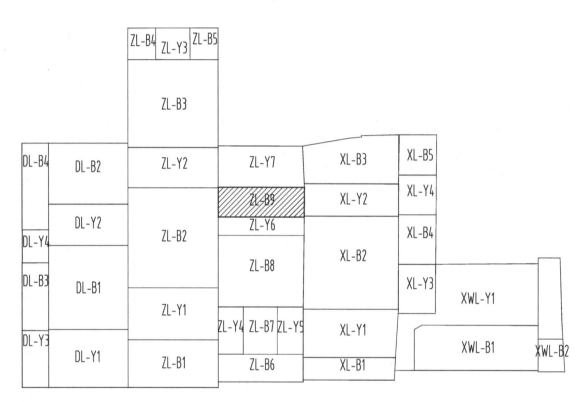

衣锦坊 31 号花厅院落南端倒座绣房位置图

1. 台明

现状残损：石条台明，总体完好。表面普遍磨损，部分石条碎裂。

残损类型：碎裂松动、表面磨损。

残损原因：年久失修。

2. 地面

（1）明间

现状残损：架空木地板，龙骨腐朽，地板多处糟朽开裂，承载力脆弱。

残损类型：龙骨腐朽折断、地板破损严重。

残损原因：年久失修。

（2）东次间

现状残损：架空木地板被完全破坏，残破 >50％，木板四处散乱，龙骨朽折，无法进入。

残损类型：龙骨腐朽折断、地板破损严重。

残损原因：年久失修。

（3）西次间

现状残损：架空木地板一半被完全破坏，木板散乱，龙骨朽折，残破 >50％。

残损类型：龙骨腐朽折断、地板破损严重。

残损原因：年久失修。

3. 木构架

（1）明间

现状残损：梁架整体良好，装饰枋板完好，柱檩和立枋等大木构件完整，普遍有虫蛀、开裂现象。船篷轩吊顶普遍受潮，局部开裂，装饰构件歪闪，脱榫。

残损类型：虫蛀、开裂、构件歪闪脱榫。

残损原因：年久失修。

（2）东次间

现状残损：构件尚在，残破不堪，大木件普遍糟朽开裂，虫蛀严重，立枋用竹藤箍加固，原木板吊顶残破殆尽。

残损类型：开裂、构件歪闪松弛、人为改造。

残损原因：年久失修，人为改建。

（3）西次间

现状残损：构架残破不堪，部分立柱歪闪，糟朽开裂严重。

残损类型：糟朽开裂。

残损原因：年久失修，人为改建。

4. 墙体

（1）明间

现状残损：梁架木骨泥墙空鼓现象严重，局部剥落。

残损类型：墙体外闪、空鼓变形、起甲剥落、雨水受潮。

残损原因：雨水受潮，年久失修。

（2）东次间

现状残损：山墙大面积受潮剥落，墙体外闪，与木构脱离，木骨泥墙残破严重，破损面积 >40%。

残损类型：墙体外闪、空鼓变形、起甲剥落、雨水受潮。

残损原因：雨水受潮，年久失修。

（3）西次间

现状残损：墙体严重外闪，表面剥落殆尽，裸露沙石，木骨泥墙残破不堪，面积 >80%。

残损类型：墙体外闪、空鼓变形、起甲剥落、雨水受潮。

残损原因：雨水受潮，年久失修。

5. 椽望

现状残损：椽子（板椽）望板糟朽严重，盐渍泛白，明间有吊顶，椽望情况不明。

残损类型：受潮糟朽、盐渍。

残损原因：雨水受潮，年久失修。

6. 装修

（1）明间

现状残损：室内船篷轩吊顶和枋间装饰完整，艺术价值高，前檐门窗为后改现代式样。

残损类型：构件缺失脱榫、人为改造。

残损原因：年久失修，人为改造。

（2）东次间

现状残损：前门窗隔扇尚在，残缺 >50%，脱榫糟朽，花饰缺失。

残损类型：构件缺失、磨损。

残损原因：年久失修。

（3）西次间

现状残损：原有门窗隔扇等装修无存。仅余部分前檐门窗，外面用现代木板封实。

残损类型：构件缺失、油漆剥落。

残损原因：年久失修。

7. 屋顶（单坡屋面）

现状残损：保存状况完好。

残损类型：少量瓦面碎裂。

残损原因：年久失修。

（二）部分现状照片

地面铺装残损现状

木构架残损现状

墙体残损现状

椽望残损现状

装修残损现状

（三）现状勘测图纸

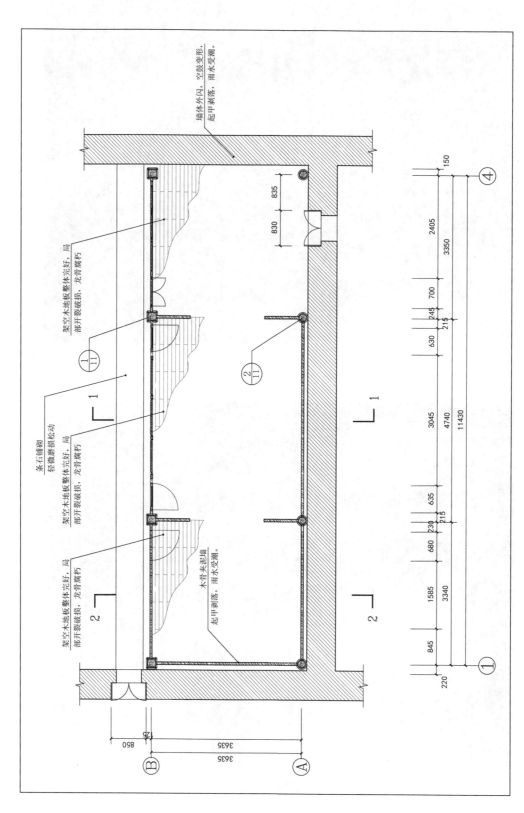

衣锦坊 31 号花厅院落南端倒座绣房平面图

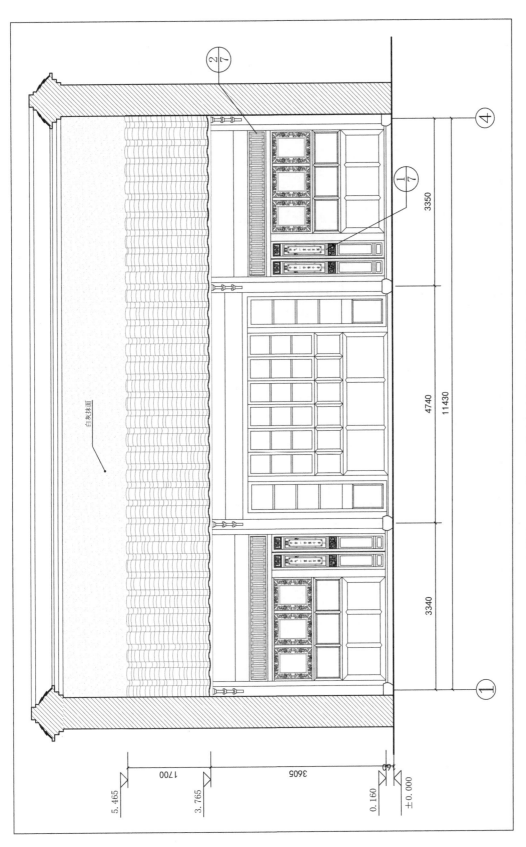

衣锦坊 31 号花厅院落南端倒座绣房前檐立面图

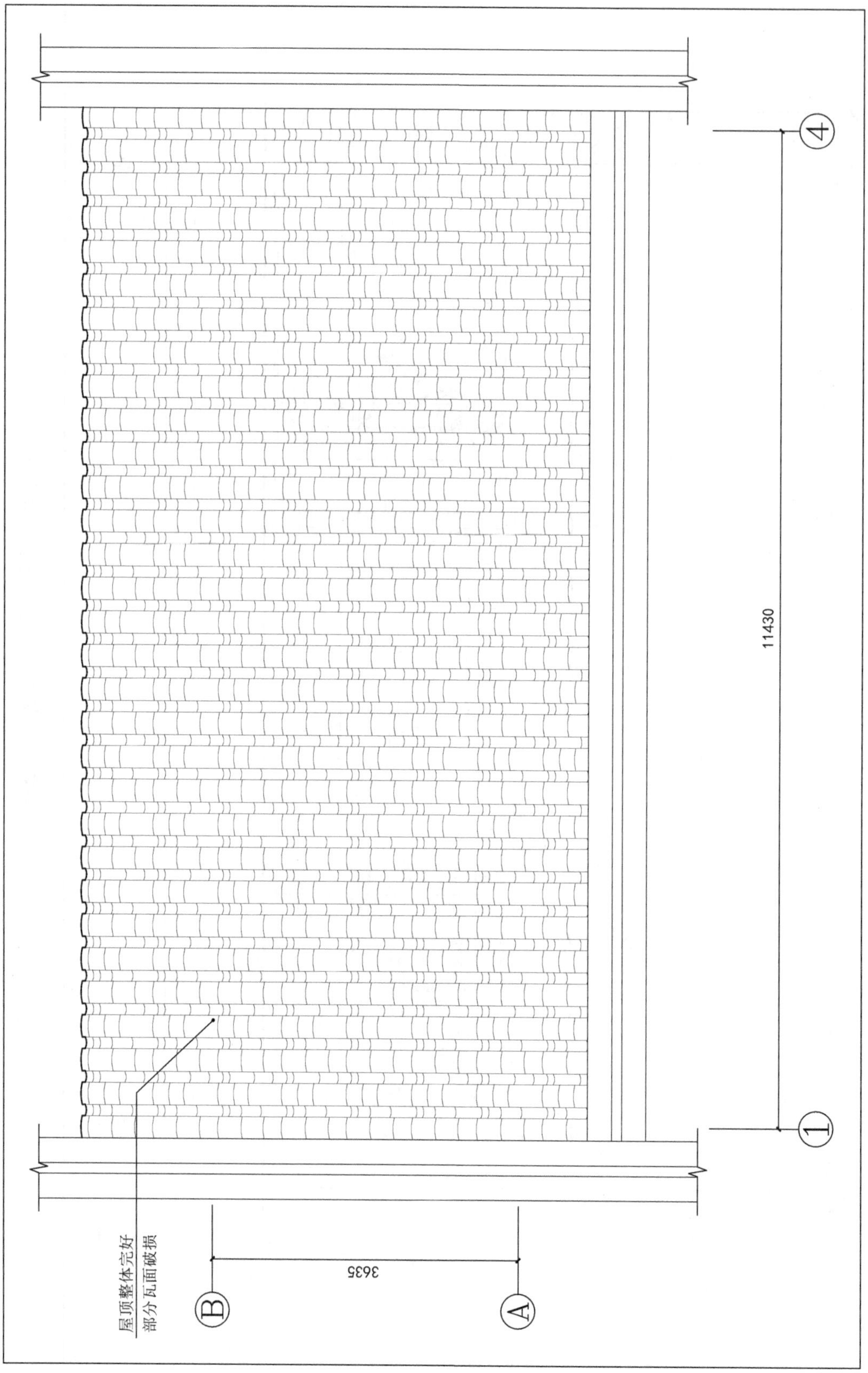

衣锦坊 31 号花厅院落南端倒座绣房屋顶俯视图

屋顶整体完好
部分瓦面破损

11430

3635

Ⓐ Ⓑ ① ④

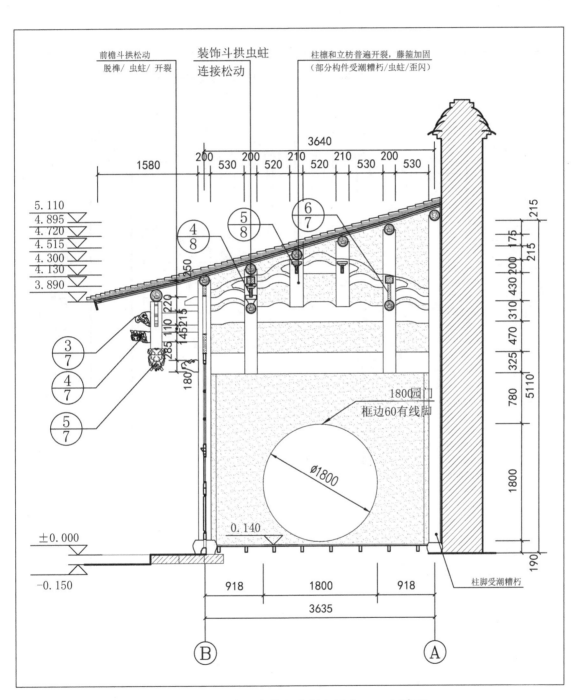

衣锦坊 31 号花厅院落南端倒座绣房 1-1 剖面图

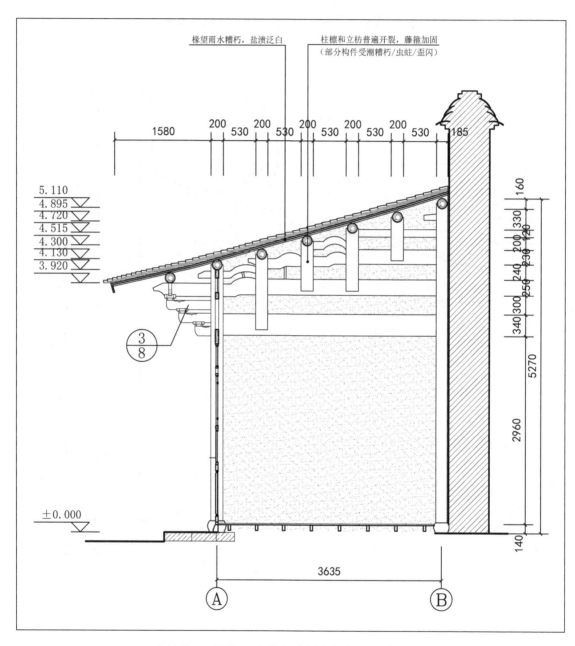

椽望雨水糟朽，盐渍泛白

柱檩和立枋普遍开裂，藤箍加固
（部分构件受潮糟朽/虫蛀/歪闪）

衣锦坊 31 号花厅院落南端倒座绣房 2—2 剖面图

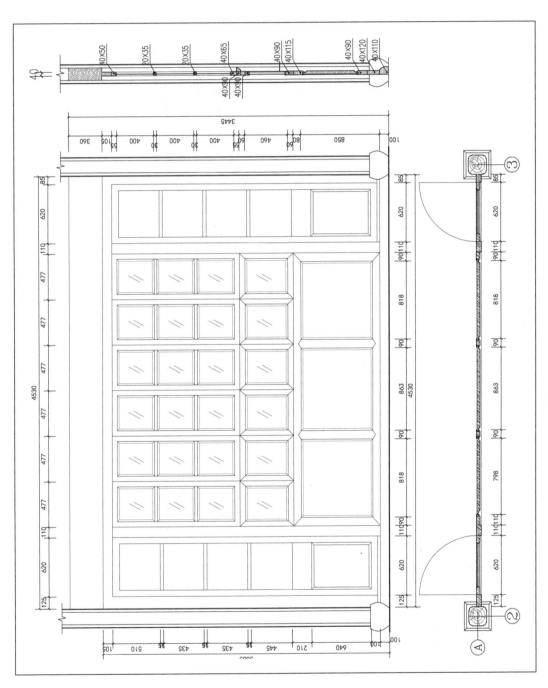

衣锦坊 31 号花厅院落南端倒座绣房门窗详图（一）

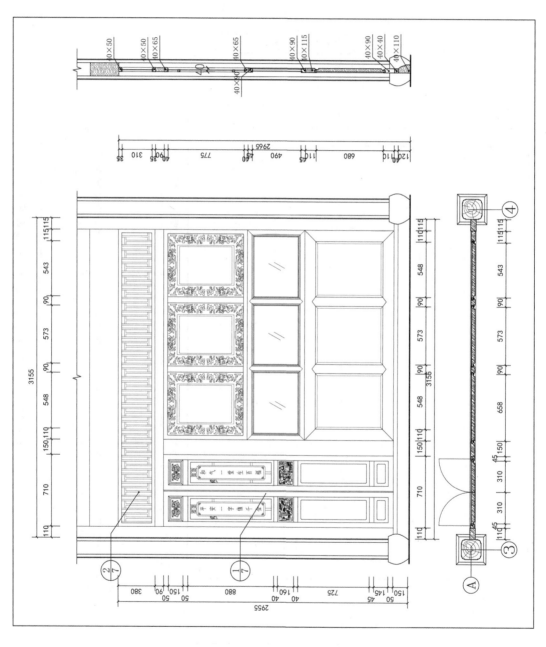

衣锦坊31号花厅院落南端倒座绣房门窗详图（二）

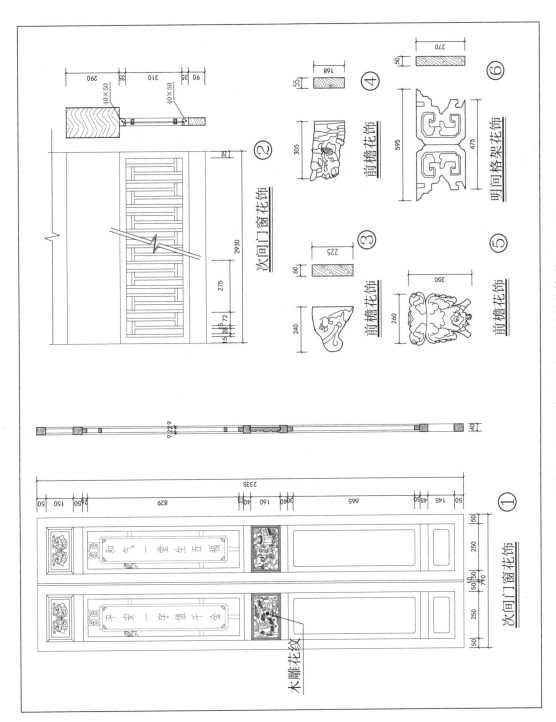

衣锦坊 31 号花厅院落南端倒座绣房花饰详图（一）

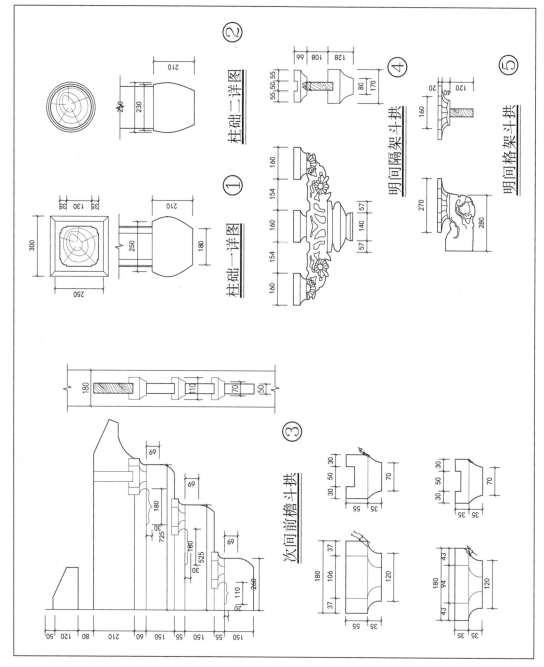

衣锦坊 31 号花厅院落南端倒座绣房花饰详图（二）

十、衣锦坊 31 号欧阳宅第一院落

（一）建筑现状描述

建筑编号：ZL-Y1

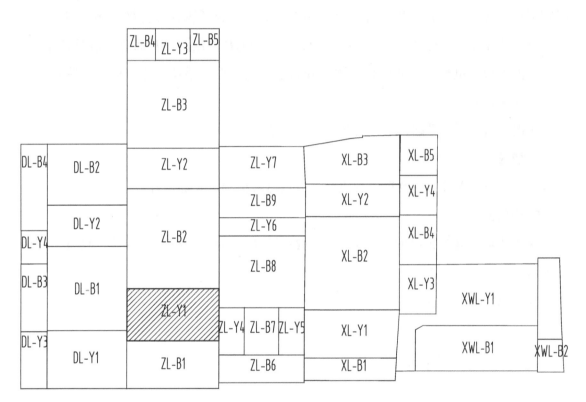

衣锦坊 31 号欧阳宅第一院落位置图

1. 地面

现状残损：地面全部由大条石完整铺砌，形成下凹院落。地面完整，部分条石存在边角磨损，院西南角一块条石断裂。院东墙下后盖砖房，地面情况不明。

残损类型：表面磨损、碎裂、位移松动。

残损原因：年久失修。

2. 墙体

现状残损：墙下槛由两层大条石垒砌，距地面 1200 毫米。其上砌空斗砖墙，外粉刷。墙面普遍空鼓开裂 >30％，部分墙体酥碱脱落，西北角最严重。墙头原有大量传统彩绘，剥落殆尽，不可考。墙皮大面积开裂剥落，墙体酥碱，墙头装饰线脚残破严重

>50%。

残损类型：酥碱剥落、空鼓开裂、变形、彩绘脱落、装饰残破。

残损原因：雨水受潮，年久失修。

3. 建筑

现状残损：沿院东、西、北三面墙下，建有木构回廊。回廊总体结构尚在，东墙回廊下增盖砖房。木柱和横枋普遍存在顺纹开裂，部分柱脚存在轻微糟朽，雀替、枋间斗拱等装饰件存在构件缺失、破损开裂，椽望普遍盐渍泛白，瓦面总体情况尚好。

残损类型：虫蛀、水渍腐朽、顺纹开裂、挠曲变形、错位、连接松弛、脱榫、装饰构件缺失开裂。

残损原因：雨水受潮，年久失修，人为改建。

4. 植被

现状残损：内院天井的东西两边摆有大量盆栽植物，长势良好。

5. 附属文物

现状残损：盆栽植物的基座大部分为各式柱础，应是原有建筑构件，具有一定历史价值。

残损原因：人为破坏。

（二）部分现状照片

地面铺装残损现状

建筑残损现状（一）

建筑残损现状（二）

植被、附属文物残损现状

（三）现状勘测图纸

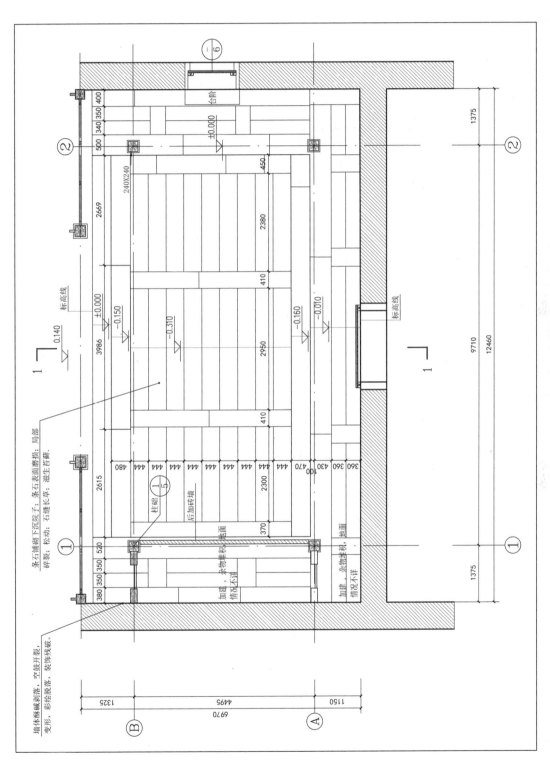

衣锦坊 31 号欧阳宅第一院落平面图

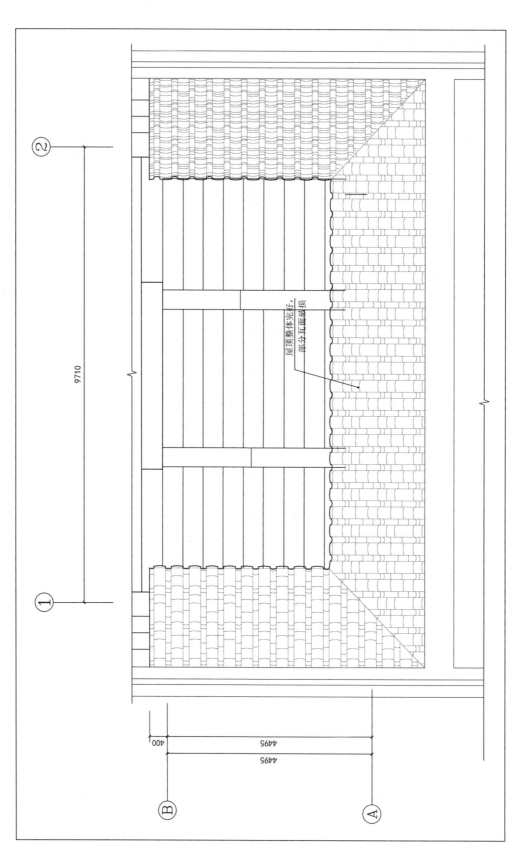

屋顶整体完好，部分瓦面破损

衣锦坊 31 号欧阳宅第一院落屋顶俯视图

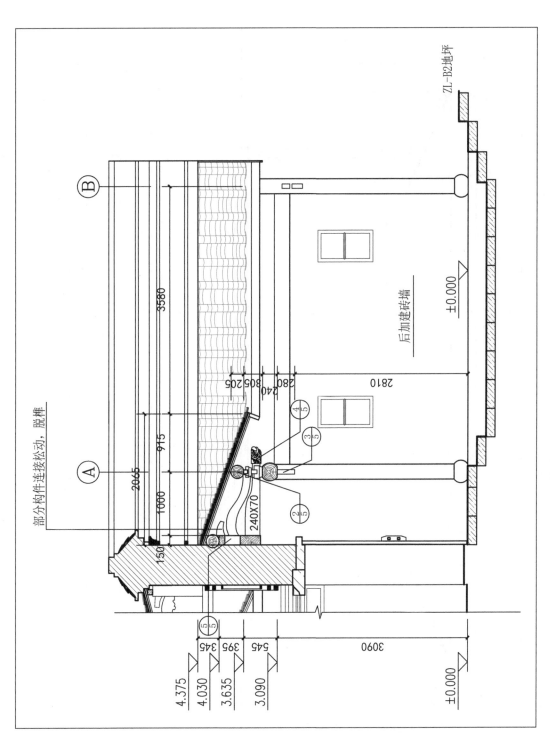

衣锦坊 31 号欧阳宅第一院落 1—1 剖面图

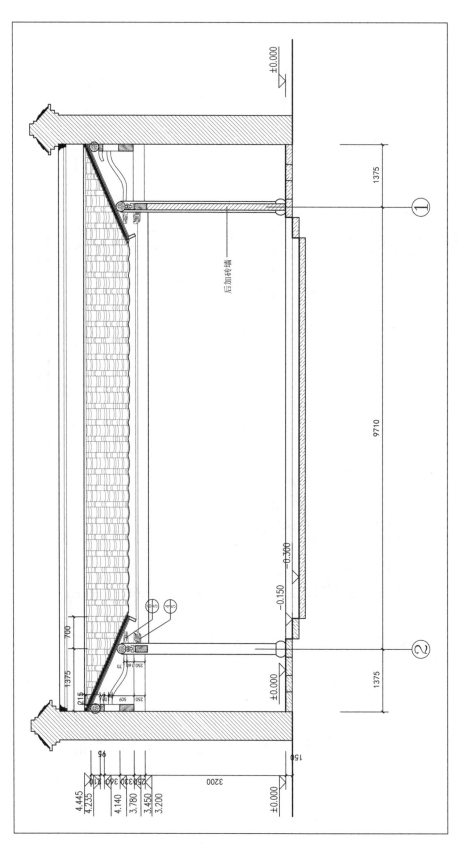

衣锦坊 31 号欧阳宅第一院落 2-2 剖面图

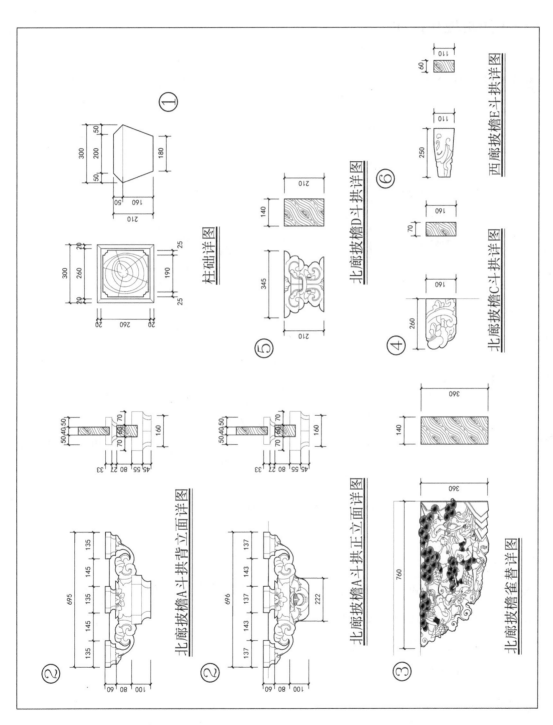

柱础详图

① ② ② ③ ④ ⑤ ⑥

北廊披檐A斗拱背立面详图

北廊披檐A斗拱正立面详图

北廊披檐雀替详图

北廊披檐D斗拱详图

北廊披檐C斗拱详图

西廊披檐E斗拱详图

衣锦坊 31 号欧阳宅第一院落详图

十一、衣锦坊 31 号欧阳宅第二院落

（一）建筑现状描述

建筑编号：ZL-Y2

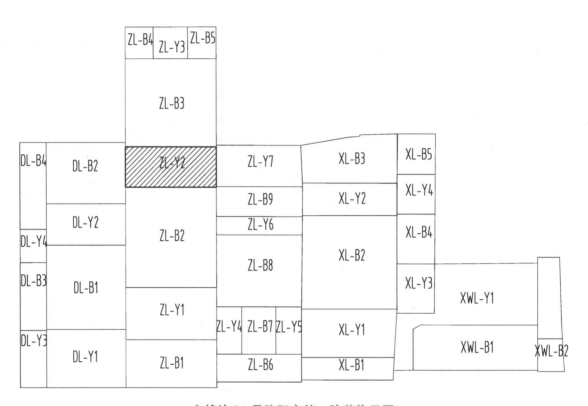

衣锦坊 31 号欧阳宅第二院落位置图

1. 地面

现状残损：地面全部由大条石完整铺砌，形成下凹院落。地面完整，条石边角磨损严重。院东盖厢房，地面情况不明。

残损类型：表面磨损、下沉松动。

残损原因：年久失修。

2. 墙体

现状残损：回廊木骨泥墙剥落，木骨朽折。墙面空鼓现象普遍，部分墙面后补，西廊下木骨泥墙残破，粉刷剥落严重。墙头表面粉刷大量剥落，砖体松动，墙头原彩

绘和装饰线脚残破严重。

残损类型：空鼓、墙皮开裂剥落、彩绘脱落、装饰残破。

残损原因：雨水受潮，年久失修。

3. 建筑

现状残损：院东为一木构厢房，整体结构完整，柱枋等构件开裂，门窗为后改玻璃门窗。院西为一木构回廊，木柱穿枋横檩普遍存在顺纹开裂，部分柱脚存在轻微糟朽，构件连接松弛，部分脱榫，椽望普遍存在糟朽，盐渍泛白。

残损类型：糟朽、顺纹开裂、连接松弛、脱榫、装饰构件缺失开裂、盐渍泛白。

残损原因：雨水受潮，年久失修，人为改建。

4. 植被

现状残损：少量盆栽植物，长势良好。

5. 附属文物

现状残损：院西有一水井，井口为钵形，造型古朴。

残损原因：人为破坏。

（二）部分现状照片

地面铺装残损现状

墙体残损现状

建筑残损现状（一）

建筑残损现状（二）

植被现状

附属文物残损现状

（三）现状勘测图纸

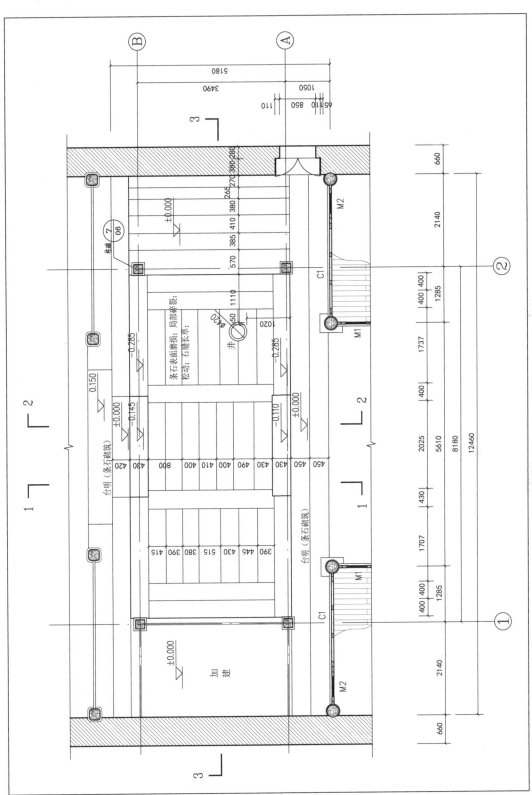

衣锦坊31号欧阳宅第二院落平面图

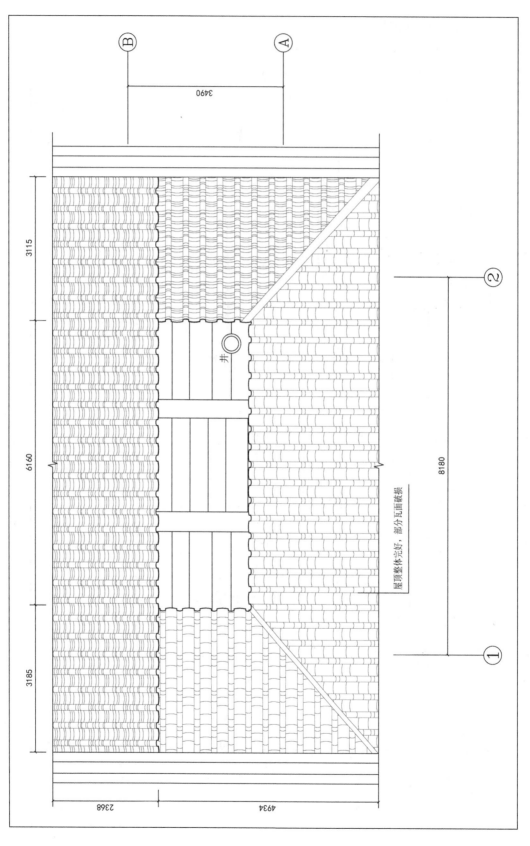

井

屋顶整体完好，部分瓦面破损

衣锦坊 31 号欧阳宅第二院落屋顶俯视图

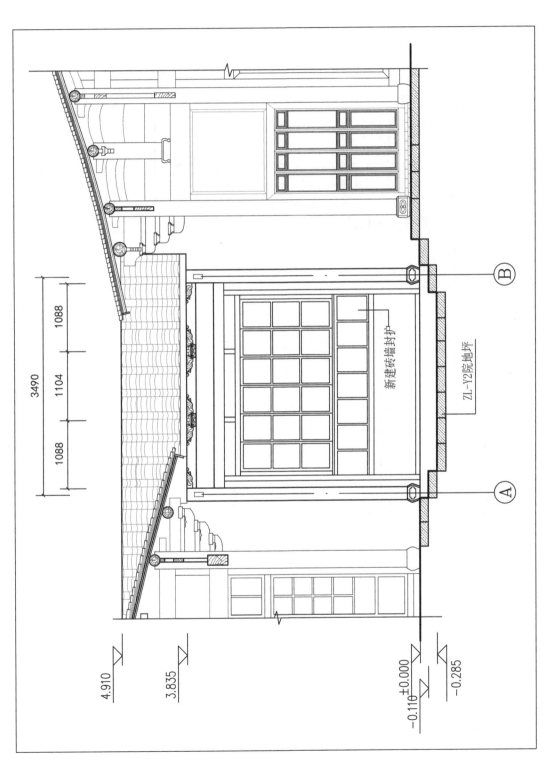

衣锦坊 31 号欧阳宅第二院落 1-1 剖面图

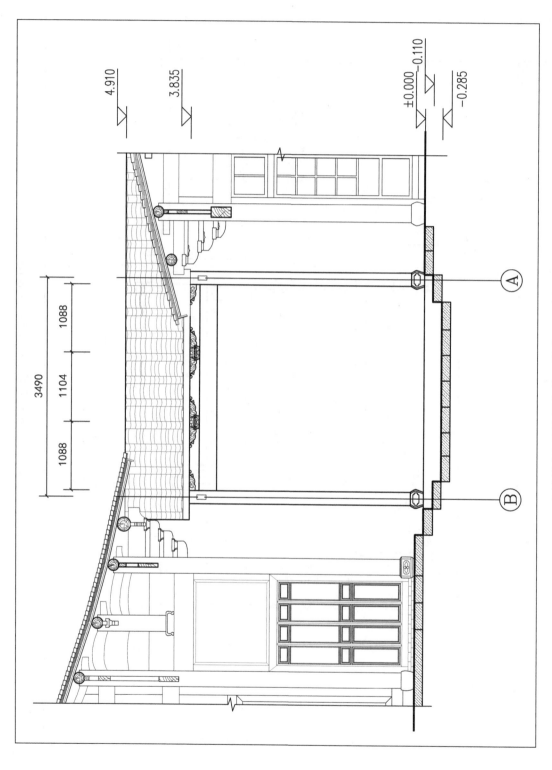

衣锦坊 31 号欧阳宅第二院落 2-2 剖面图

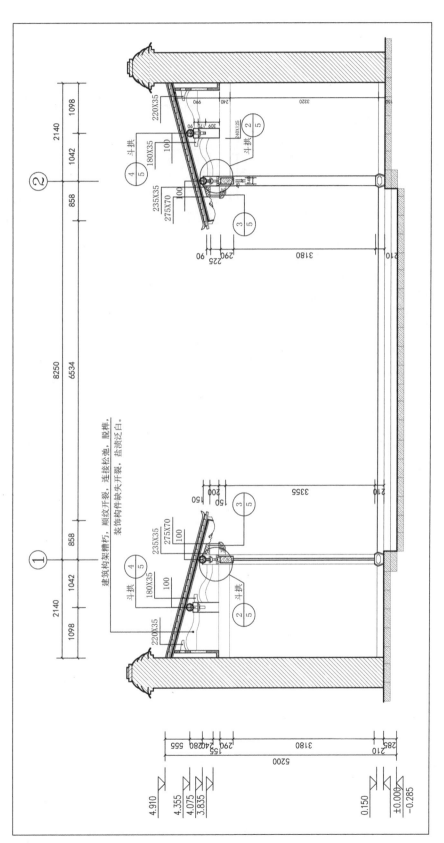

衣锦坊31号欧阳宅第二院落3-3剖面图

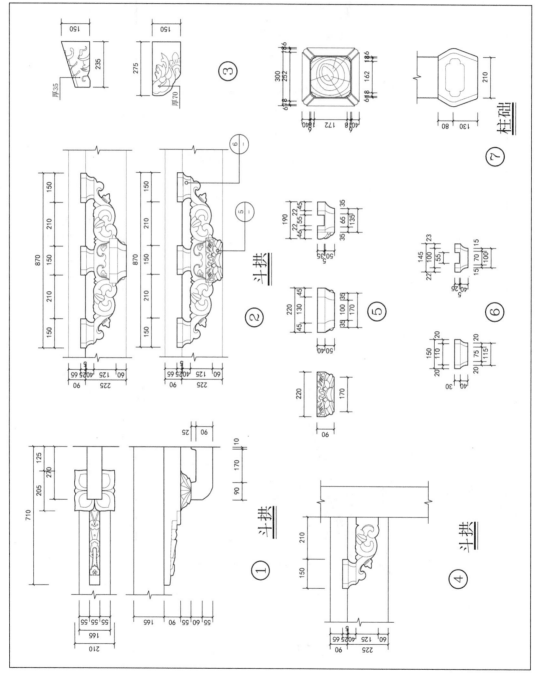

衣锦坊 31 号欧阳宅第二院落大样详图

十二、衣锦坊 31 号欧阳宅第三院落

（一）建筑现状描述

建筑编号：ZL-Y3

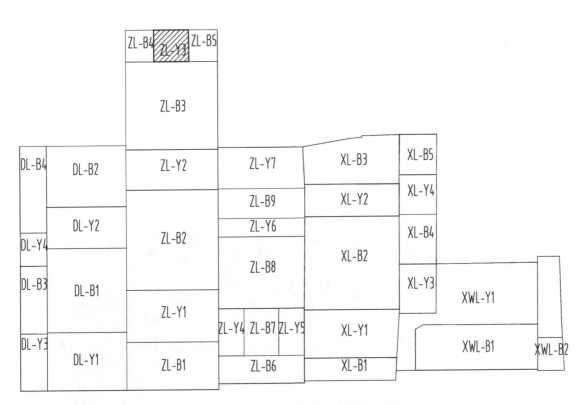

衣锦坊 31 号欧阳宅第三院落位置图

1. 地面

现状残损：地面由大条石铺砌，部分地面后改水泥地面。院内加盖砖房，水池等构筑物，占据院落。

残损类型：表面磨损、下沉松动。

残损原因：年久失修。

2. 墙体

现状残损：后墙墙皮受潮空鼓、剥蚀严重，裸露砖体沙泥。墙头用现代缸砖铺顶，为后来改造，墙面雨水污渍、滋生苔藓。

残损类型：空鼓、墙皮开裂剥落、滋生青苔、墙顶人为改造。

残损原因：雨水受潮，年久失修，人为改造。

3. 建筑

现状残损：院中加建砖房二处，水池二处，填塞大部分院子。院内杂物堆积，十分零乱。

残损类型：人为改建。

残损原因：年久失修，人为改建。

4. 植被

现状残损：无。

5. 附属文物

现状残损：无。

（二）部分现状照片

地面铺装残损现状

墙体残损现状

建筑残损现状

（三）现状勘测图纸

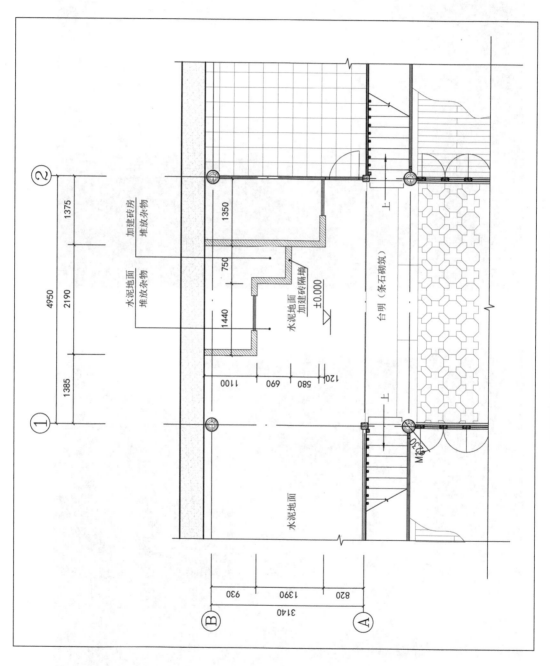

衣锦坊 31 号欧阳宅第三院落平面图

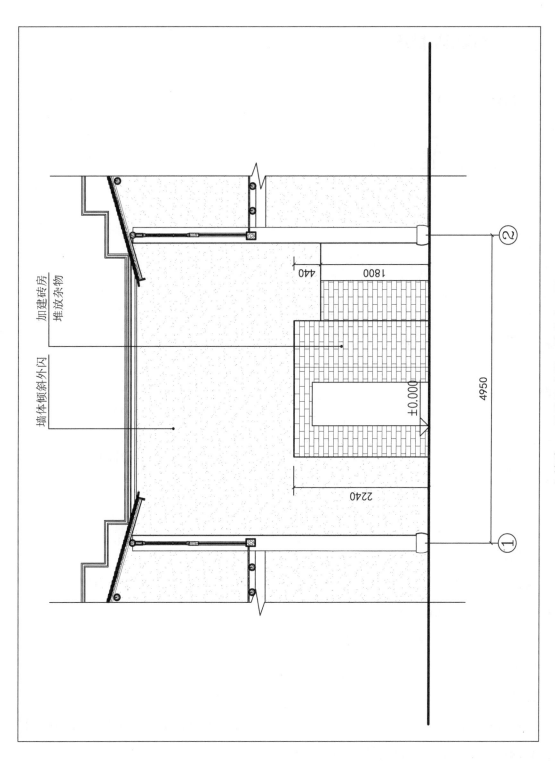

加建砖房
堆放杂物

墙体倾斜外闪

440

1800

±0.000

4950

2240

衣锦坊 31 号欧阳宅第三院落立面图

①　②

十三、衣锦坊 31 号花厅院落南端绣房后院

（一）建筑现状描述

建筑编号：ZL-Y7

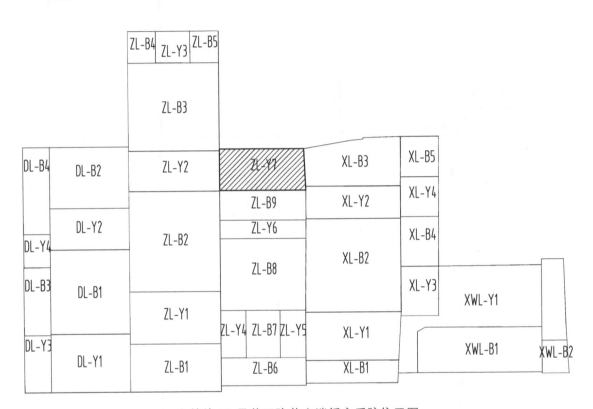

衣锦坊 31 号花厅院落南端绣房后院位置图

1. 地面

现状残损：地面由大条石铺砌，形成下沉院落，形式完好，部分条石碎裂，条石磨损沉降不均、院内地面不平，条石松动。

残损类型：表面磨损、沉降不均、碎裂松动。

残损原因：年久失修。

2. 墙体

现状残损：后墙受潮大面积剥落，裸露沙石砖体，回廊内墙面部分用白瓷砖贴面，墙面有烟熏痕迹，空鼓开裂现象严重。

残损类型：受潮开裂、空鼓、墙面剥蚀、人为改造。

残损原因：雨水受潮，年久失修，人为改造。

3. 建筑

现状残损：东西两侧为回廊，现用作厨房，东廊有烟熏痕迹，构件开裂歪闪，装饰构件脱榫，缺失，西廊加吊顶，地面后改水泥，用现代材料进行装修改造。院内东西各砌砖房厕所一座，水池二座。

残损类型：结构歪闪、木构开裂、糟朽、构件连接松弛、人为改造。

残损原因：年久失修，人为改造。

4. 植被

现状残损：后墙下大量盆栽植物。

5. 附属文物

现状残损：院内有石柱四尊，柱身有石刻精美花纹，为历史原物。

残损类型：用作花台、表面磨损严重。

残损原因：年久失修。

（二）部分现状照片

地面铺装残损现状

墙体残损现状

建筑残损现状（一）

建筑残损现状（二）

植被、附属文物残损现状

（三）现状勘测图纸

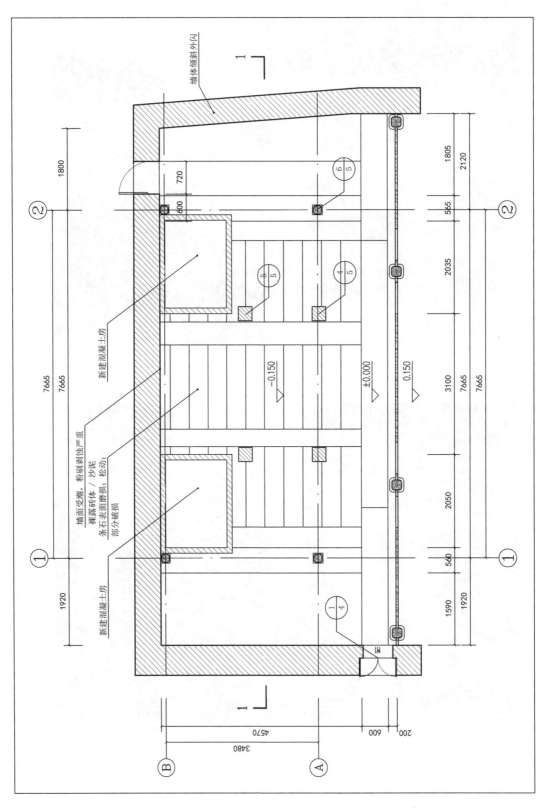

衣锦坊 31 号花厅院落南端绣房后院平面图

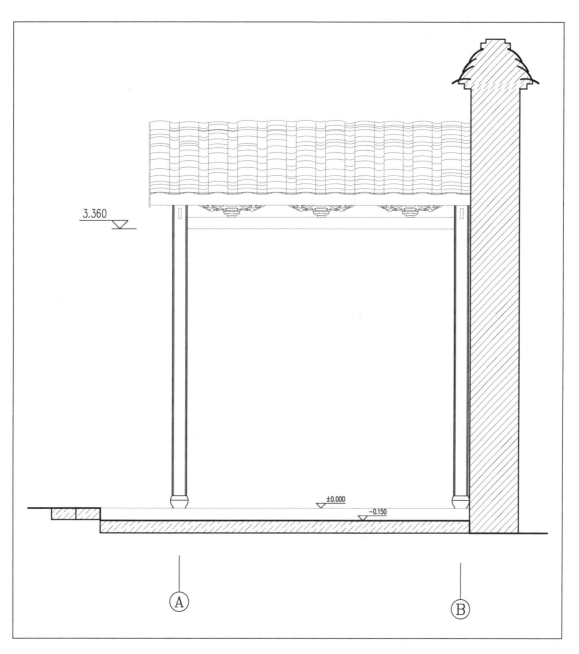

衣锦坊 31 号花厅院落南端绣房后院立面图

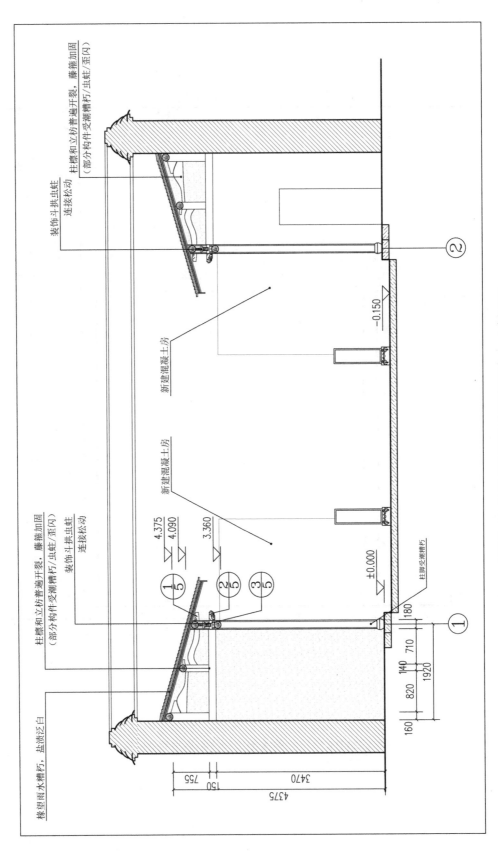

衣锦坊 31 号花厅院落南端绣房后院 1-1 剖面图

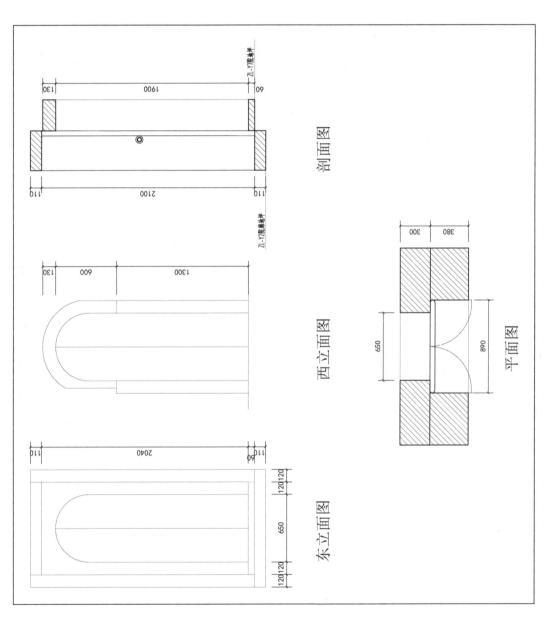

剖面图

西立面图

东立面图

平面图

衣锦坊31号花厅院落南端绣房后院 M1 详图

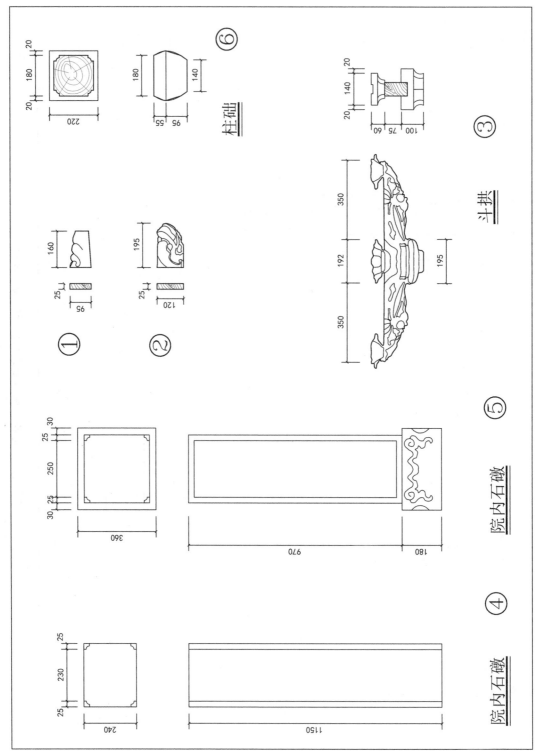

衣锦坊 31 号花厅院落南端绣房后院详图

设计篇

第一章　设计原则与范围

2006年11月，对福州市三坊七巷历史街区中的欧阳花厅古民居进行了现存状况的勘测调查，对欧阳花厅古民居建筑群进行了全面测绘，并详细记录了各建筑组群的残损现状，通过经过对残损现状的评估分析，制定了针对性的修缮设计方案。

一、修缮设计原则

1. 不改变文物原状的原则：按照《中华人民共和国文物保护法》，对不可移动文物进行修缮、保养、迁移时，必须遵守"不改变文物原状"的原则，贯彻文物工作的"保护为主、抢救第一、合理利用、加强管理"的十六字方针，在修缮设计中遵循保护历史信息的理念，尽最大可能利用原有材料，保存原有构件，使用原工艺，尽可能多的保存历史信息，保持文物建筑的真实性。

2. 安全为主的原则：保证修缮过程中文物的安全和施工的安全同等重要，以安全地拆解、修复和复原每一个建筑构件为文物修缮工程的最基本要求。

3. 质量第一的原则：文物修缮的成功，关键是工程质量，在修缮过程中一定要加强质量意识与管理，从工程材料、修缮工艺、施工工序等方面符合国家有关质量标准和法规。

4. 可逆性、可再处理性的原则：再修缮工程中，坚持修缮过程中修缮措施的可逆性原则，保证修缮后的可再处理性，尽量选择使用与原构相同、相近或兼容的材料，使用传统工艺技法，为后人的研究、识别、处理、修缮留有更准确地判定，提供最准确的变化信息。

5. 尊重传统，保持地方风格的原则：不同地区有不同的建筑风格与传统手法。在修缮过程中要加以识别，尊重传统。承认建筑风格的多样性、传统工艺的地域性和营

223

造手法的独特性，特别注重保留与继承。

二、修缮依据

1.《中华人民共和国文物保护法》

2.《中华人民共和国文物保护法实施细则》

3.《中国文物古迹保护准则》

4.《古建筑木结构维护与加固技术规范 GB50165-92》

5.《福州市历史文化名城保护条例》

6.《福建省文物保护管理条例》

7.《三坊七巷历史文化保护区国家级文物保护规划》

8.有关文物建筑保护的其他法律、条例、规定及相关文件。

9.欧阳花厅相关历史材料和调查资料。

三、修缮性质和工程范围

此次修缮属于对欧阳氏民居的全面修缮工程，重点是对存在险情的结构重新进行加固、归安等处理。工程范围一般包括地基重勘和整理，墙体重砌或加固，木构架落架或局部落架修理，拆卸木构架或拨正歪闪构架，修补或更换构件等项。此次修缮中另一项重点是将历代居民维修中的不合理成分剥离，并根据研究进行适当复原。

第二章　修缮措施

针对欧阳花厅的现状问题，根据确定的修缮依据和工程性质，对欧阳花厅古民居各种病害类型的处理措施进行统一综述。

一、总体处理措施

（一）去除人为不当添加物

1. 去除各个院内廊子下加建的红砖房。

2. 去除主要建筑内用临时性的木板或红砖隔出的房间。

3. 去除建筑内部不同程度的现代化室内装修改造和不当添加物。

4. 去除后来改换的简易木制玻璃门窗。

5. 去除水泥地面或水泥修补地面，恢复原传统地面。

6. 去除建筑屋顶后加的各种老虎窗和阁楼，恢复完整的屋面形式。

对于以上人为改建的部分应根据具体情况进行处理，尽量去除后来添加的内容，恢复原有空间格局，把已改的构件形式或做法重新恢复为原有样式。

（二）整体构架归安加固

由于年久失修导致的各个建筑构架中出现的连接松动、拔榫、扭曲、变形的现象应采取打牮拨正的方式对每栋房屋的整体木构架进行归安加固，对于墙体与木构架之间的连接问题应根据实际情况采取重新补砌或铁活加固等措施。辅助措施可采用"偷梁换柱"方法，对柱头连接、檩头联结，外廊加固等部位的残毁构件进行抽换。

（三）统一进行防虫防腐

针对欧阳花厅建筑木构件均存在不同程度的虫蛀痕迹，且此种现象在整个三坊七巷历史街区木结构房屋内普遍存在。建议委托专业防虫害公司对生物类型，病害种类等统进行调查分析，统一确定防虫防腐的处理办法以及日常保养维护的措施。

（四）改造基础设施

欧阳花厅中生活供水、排水、供电等基础设施的改造应依据规划的有关要求。应根据欧阳花厅修缮后的使用要求统一进行设计与施工，并加强日常检查和管理。

二、主要结构问题处理措施

（一）木结构处理

1.椽子的维修：糟朽直径大于 2/5 椽径；糟朽长度大于 2/3 总长予以更换；更换应尽量使用旧料加工。

2.望板的修理：糟朽或盐渍望板全部更换。

3.檩的维修：修补开裂，清理表面盐渍，重新归安，榫头折断或糟朽应剔除后用新料重新制榫。糟朽深度大于 1/5 檩径，劈裂长度大于 2/3 总长，折断等构件予以更换。

4.柱枋的维修：顺纹开裂裂缝较小的用油灰嵌缝，外作油饰；缝宽大于 0.5 厘米的用木条粘补；深达木心的裂缝还应加箍 1 道~2 道，可采用传统藤箍加固。柱子表面糟朽不超过 1/2 柱径采用剔补加固；糟朽严重可采用墩接；柱心朽空采用灌浆加固；完全不能使用的予以更换。

（二）砖墙结构问题

由于年久失修，墙体普遍存在严重的结构失稳问题，主要问题的处理措施如下。

1.砖墙的严重歪闪应拆除重砌，重砌时应重新勘查地基，确定情况后做相应处理，墙体砌法按当地原墙做法。

2. 砖墙砖体松动部分应予以局部拆除，按原做法重砌。

3. 墙面粉刷层空鼓开裂，起甲、滋生苔藓应铲去底灰，重做面层。

4. 木构架间的木骨夹泥编壁墙应拆除残损部分按原样重做，木骨需做防腐防虫处理。

第三章 中落组群建筑修缮方案

一、衣锦坊 31 号欧阳宅大门

（一）建筑修缮方案

1. 台明

残损类型：位移松动、碎裂。

修缮方法：更换碎裂石条和角石，清理石缝，整体归安

2. 地面

残损类型：磨损、人为不当改造、酥碱、生物侵害。

修缮方法：参照原明间三合土地面和图案做法，恢复原三合土装饰地面；东西次间恢复原三合土地面。

参考措施：去除不当修补痕迹，参照三合土地面和图案做法，恢复完整三合土装饰地面。取下地砖逐块清理，替换，按原做法重新铺墁。

3. 木构架

残损类型：构件缺失、顺纹开裂、连接松弛、人为改造。

修缮方法：对木构件表面进行清理，整体归正梁架，去除临时支撑构件，按原样恢复，补配缺失的装饰构件，更换糟朽严重的构件。

参考措施：去除木构架表面不当添加物（装修物），恢复并修缮原有木构架体系。整体组件拨正，完整榫卯彼此归位，榫头折断或糟朽时，应剔除后用新料重新制榫。对缺失构件进行补配，重新油饰。整体梁架加固，打牮拨正，修补裂缝，缝宽 >0.5 厘米的用木条粘补；深达木心的加箍 1 道 ~ 2 道加固，采用原藤箍做法；开裂严重者予以更换。

4. 墙体

（1）东山墙

残损类型：酥碱起甲、结构开裂。

修缮方法：开裂部位局部拆除重砌，按原做法重做面层。

参考措施：铲除原墙面底灰，清理后重做面层，做法按原墙传统面层做法。松动墙体部分进行局部拆除重砌，铲除底灰，重做面层。按原墙头做法修复残破线脚。

（2）西山墙

残损类型：酥碱起甲、墙体变形、结构开裂。

修缮方法：清理砖体，变形部分拆除重砌，重做面层。墙头按东山墙头式样恢复

参考措施：铲除原墙面底灰，清理后重做面层，做法按原墙传统面层做法。松动墙体部分进行局部拆除重砌，铲除底灰，重做面层。按原墙头做法修复残破线脚。

（3）东西次间后墙

残损类型：酥碱起甲、墙体空鼓变形、结构开裂、生物侵害。

修缮方法：拆除部分建筑构架，铲除底灰，重做面层。清理石门框，用灰泥修补石匾，恢复匾框完整。

参考措施：铲除原墙面底灰，清理后重做面层，做法按原墙传统面层做法。松动墙体部分进行局部拆除重砌，铲除底灰，重做面层。按原墙头做法修复残破线脚。

5. 椽望

残损类型：盐渍泛白、腐朽。

修缮方法：更换糟朽和盐渍泛白的椽子和望板，望板上加铺一层防水卷材。

参考措施：更换糟朽和盐渍泛白的椽望。

6. 装修

（1）立面

残损类型：人为改造、构件缺失、磨损。

修缮方法：去除人为不当添加物，补配缺失构件，对原有门窗进行清理，补配缺失花饰，加固连接，重新油饰。

参考措施：去除木构架表面不当添加物（装修物），恢复并修缮原有木构架体系。各组装饰构件整体拆落归正，修补加固各配件，残缺部分按原样补配齐整，不宜整换。彩绘构件进行表面清理，修补起甲开裂部分；油漆剥落构件铲除磨去起甲剥落表面，

重新油饰。

（2）屏风

残损类型：构件缺失、油漆剥落、装饰件连接松弛。

修缮方法：清理构件后重新油饰，拨正修补装饰构件，补配缺失小木花饰。

参考措施：去除木构架表面不当添加物（装修物），恢复并修缮原有木构架体系。各组装饰构件整体拆落归正，修补加固各配件，残缺部分按原样补配齐整，不宜整换。彩绘构件进行表面清理，修补起甲开裂部分；油漆剥落构件铲除磨去起甲剥落表面，重新油饰。

7. 屋面

残损类型：瓦面碎裂。

修缮方法：拆除原瓦面，重新铺瓦。

参考措施：清理去除水泥修补痕迹，清理瓦面后，添补少量新瓦，重铺瓦面。

（二）修缮设计图纸

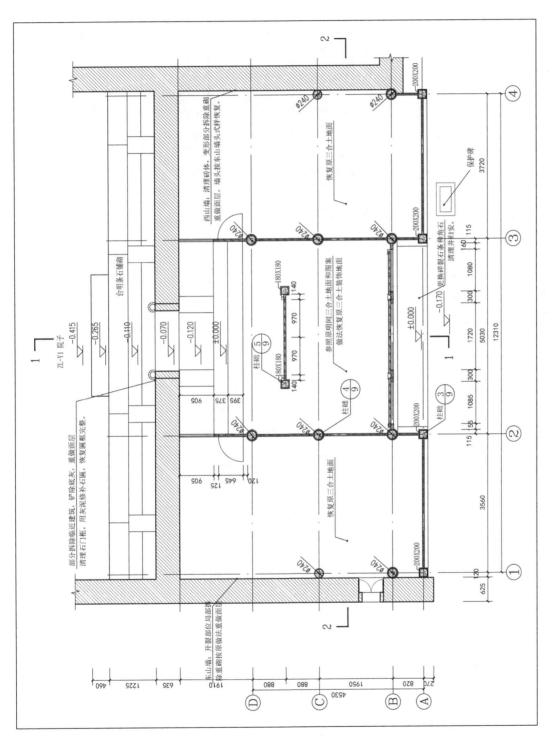

衣锦坊 31 号欧阳宅大门平面图

231

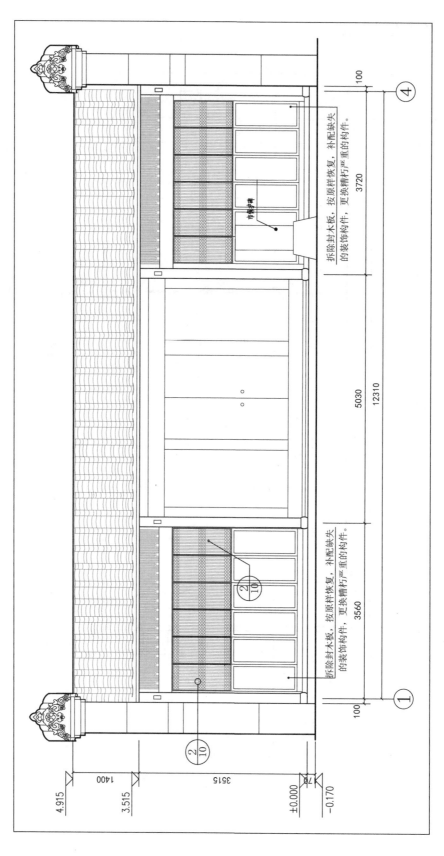

衣锦坊 31 号欧阳宅大门前檐立面图

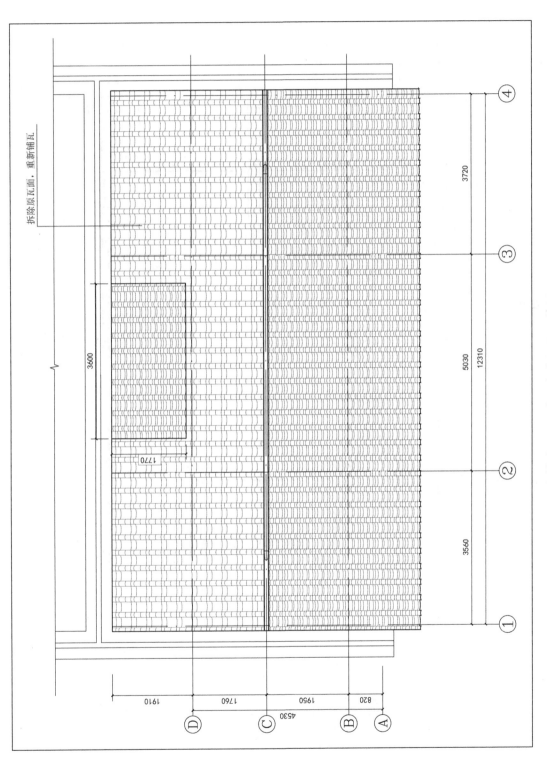

拆除原瓦面，重新铺瓦

衣锦坊 31 号欧阳宅大门屋顶俯视图

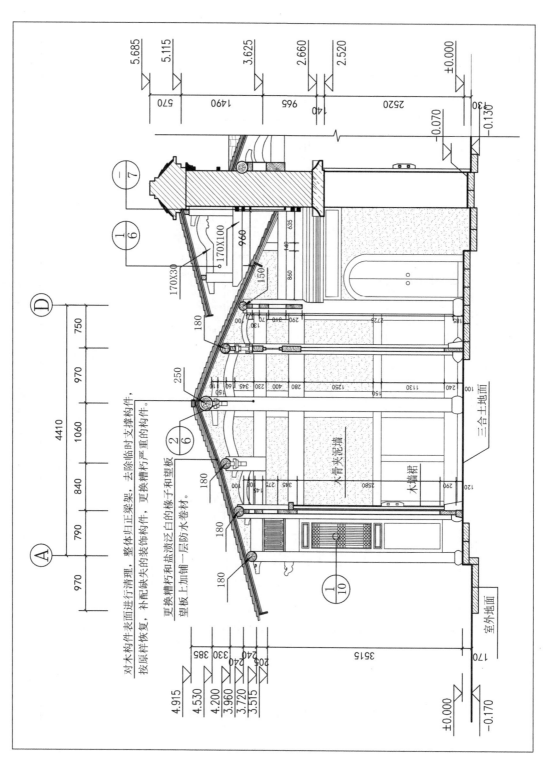

衣锦坊 31 号欧阳宅大门 1-1 剖面图

对木构件表面进行清理、整体归正梁架、去除临时支撑构件，按原样恢复，补配缺失的装饰构件、更换糟朽严重的构件。

更换糟朽和盐渍泛白的椽子和望板望板上加铺一层防水卷材。

三合土地面

大昌夹泥墙

木墙裙

室外地面

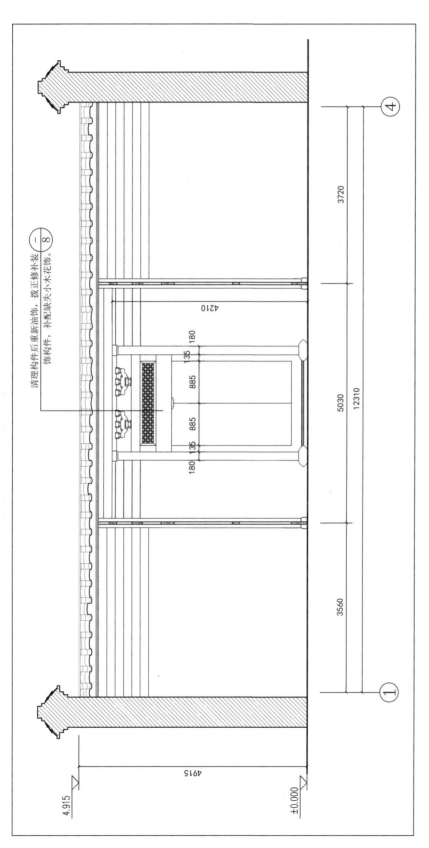

衣锦坊 31 号欧阳宅大门 2-2 剖面图

清理构件后重新油饰，拨正修补装饰构件，补配缺失小木花饰。⑧ 一

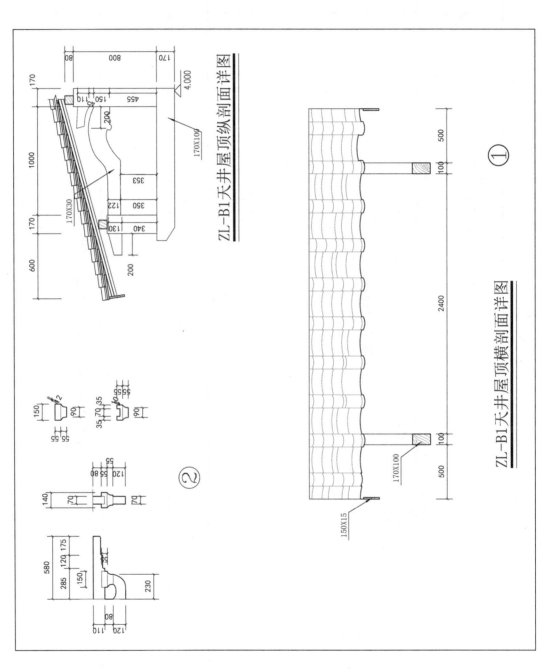

衣锦坊 31 号欧阳宅大门内天井详图（一）

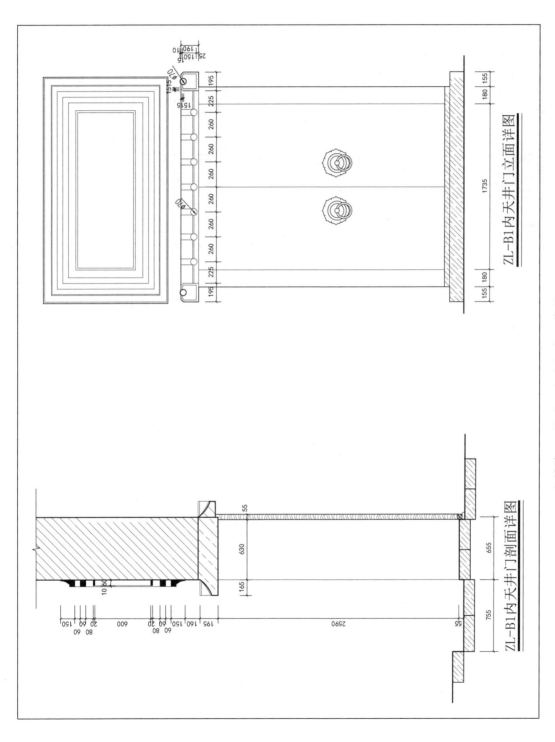

ZL-B1内天井门立面详图

ZL-B1内天井门剖面详图

衣锦坊 31 号欧阳宅大门内天井详图（二）

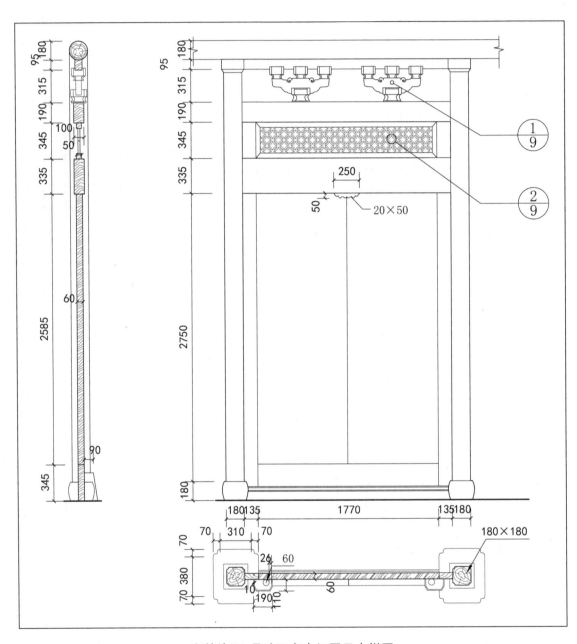

衣锦坊 31 号欧阳宅大门屏风大样图

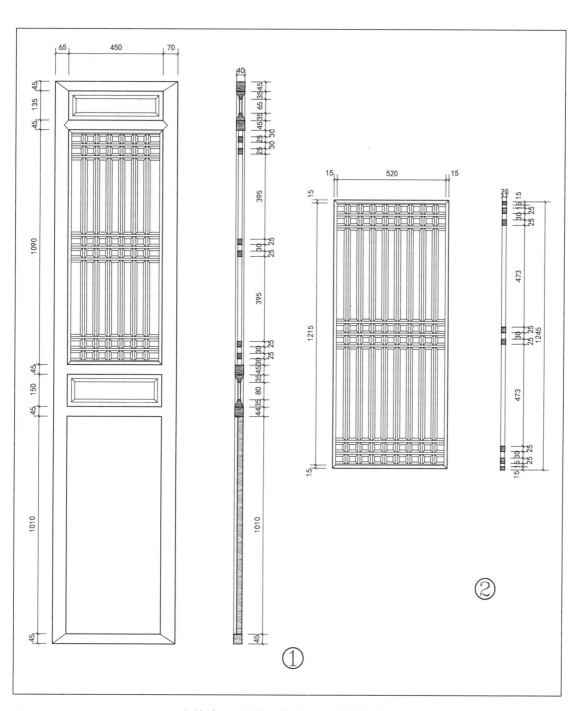

衣锦坊 31 号欧阳宅大门门窗花饰详图

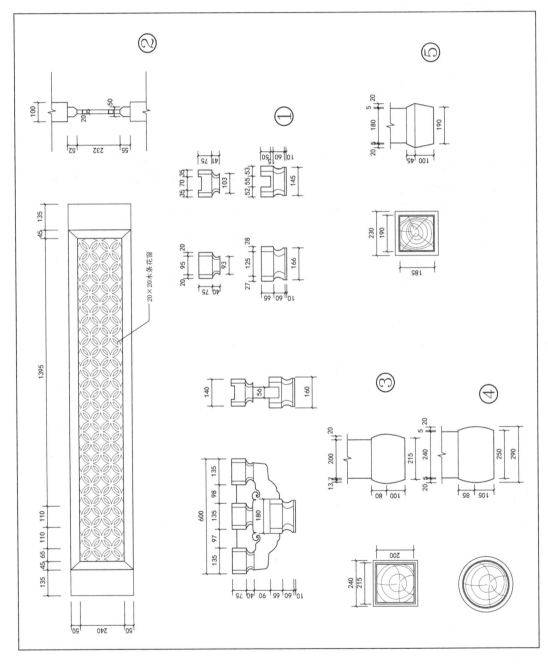

衣锦坊 31 号欧阳宅大门花饰及柱础详图

二、衣锦坊 31 号欧阳宅第一进主座

（一）建筑修缮方案

1. 台明

残损类型：表面磨损、长杂草。

修缮方法：去除杂草，逐块取出清理，整理地基后重新铺砌，归安。

2. 地面

（1）明间

残损类型：地板开裂磨损、龙骨腐朽、人为不当改造。

修缮方法：全部更换地板下木龙骨，重新铺钉木地板，尽量选用原木地板。

参考措施：去除不当修补物，全部更换地板下木龙骨，修补更换糟朽木板，重新铺钉木地板，尽量选用原木地板。去除瓷砖，按房屋型制恢复原木地板或三合土地面。

（2）东、西次间

残损类型：地板开裂磨损、龙骨腐朽、人为不当改造。

修缮方法：清楚现代地砖或地塑，按原样恢复架空木地板地面。

参考措施：去除不当修补物，全部更换地板下木龙骨，修补更换糟朽木板，重新铺钉木地板，尽量选用原木地板。去除瓷砖，按房屋型制恢复原木地板或三合土地面。

3. 木构架

（1）明间

残损类型：虫蛀、开裂松弛、人为改造。

修缮方法：整体拨正梁架，清理污渍，重新油饰。

参考措施：整体梁架加固，打牮拨正，修补裂缝，缝宽 >0.5 厘米的用木条粘补；深达木心的加箍 1 道 ~ 2 道加固，采用原藤箍做法；开裂严重者予以更换。剔空糟朽，裂缝补配木料或环氧树脂灌缝，柱子表皮糟朽不超过 1/2 柱径采用剔补加固；糟朽严重高度不超过 1/4 柱高的采用墩接；柱心朽空采用灌浆加固，糟朽严重者予以更换。整体组件拨正，完整榫卯彼此归位，榫头折断或糟朽时，应剔除后用新料重新制榫。对缺失构件进行补配，重新油饰。委托专业公司进行虫蚁病害研究，确定防治方法，对虫害构件进行清理修补加固后，统一做防虫防腐处理。

（2）东、西次间

残损类型：虫蛀、顺纹开裂、连接松弛、人为改造。

修缮方法：对糟朽、开裂构件进行剔补、嵌缝加固，严重的可以更换，补配缺失构件，构件统一进行防虫防腐处理。

参考措施：整体梁架加固，打牮拨正，修补裂缝，缝宽＞0.5厘米的用木条粘补；深达木心的加箍1道～2道加固，采用原藤箍做法；开裂严重者予以更换。剔空糟朽，裂缝补配木料或环氧树脂灌缝，柱子表皮糟朽不超过1/2柱径采用剔补加固；糟朽严重高度不超过1/4柱高的采用墩接；柱心朽空采用灌浆加固，糟朽严重者予以更换。整体组件拨正，完整榫卯彼此归位，榫头折断或糟朽时，应剔除后用新料重新制榫。对缺失构件进行补配，重新油饰。委托专业公司进行虫蚁病害研究，确定防治方法，对虫害构件进行清理修补加固后，统一做防虫防腐处理。

4. 墙体

残损类型：墙面空鼓、雨水污染。

修缮方法：铲除墙面底灰，按原做法重做面层。木骨夹泥墙统一按原做法重做。

参考措施：铲除原墙面底灰，清理后重做面层，做法按原墙传统面层做法。拆除原墙体，清理干净，按原木骨夹泥墙做法重做墙面。

5. 椽望

残损类型：盐渍泛白、腐朽。

修缮方法：更换糟朽和盐渍泛白的椽子和望板，望板上加铺一层防水卷材。

参考措施：更换糟朽和盐渍泛白的椽望。

6. 装修

（1）东西次间

残损类型：人为改造、构件缺失、磨损。

修缮方法：去除不当的现代装修，按原样恢复原有装修构件，具体见修缮设计图纸。

参考措施：去除所有新建砖房和简易房，恢复完整的古民居木构架体系，恢复完整的院落格局。去除后来改造的木制门窗，参照相关位置的遗存，重新设计恢复原传统门窗式样。去除不当的现代装修，归正修复原有的木构体系，恢复原有的室内隔扇和门窗装修。各组装饰构件整体拆落归正，修补加固各配件，残缺部分按原样补配齐整，不宜整换。

（2）构件

残损类型：人为改造、构件缺失、磨损残缺。

修缮方法：去除加建木板房，对门窗屏风等装修进行拆卸清理，补配缺失构件，重新油饰。

参考措施：去除所有新建砖房和简易房，恢复完整的古民居木构架体系，恢复完整的院落格局。去除后来改造的木制门窗，参照相关位置的遗存，重新设计恢复原传统门窗式样。去除不当的现代装修，归正修复原有的木构体系，恢复原有的室内隔扇和门窗装修。各组装饰构件整体拆落归正，修补加固各配件，残缺部分按原样补配齐整，不宜整换。

7. 屋面

残损类型：瓦面破损。

修缮方法：重铺瓦面。

参考措施：清理去除水泥修补痕迹，清理瓦面后，添补少量新瓦，重铺瓦面。

（二）修缮设计图纸

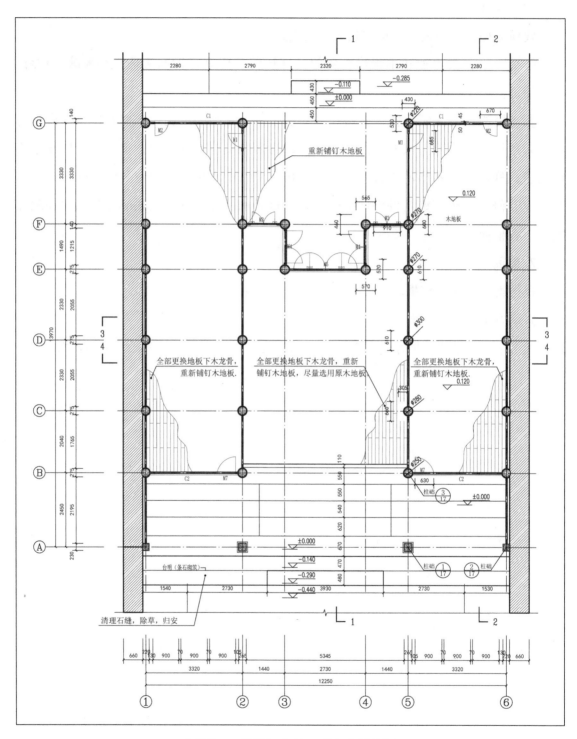

衣锦坊 31 号欧阳宅第一进主座平面图

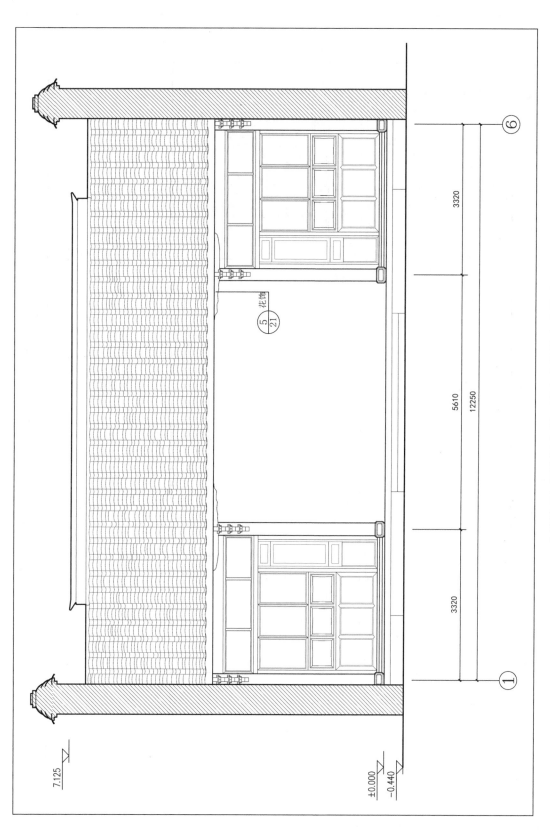

衣锦坊 31 号欧阳宅第一进主座前檐立面图

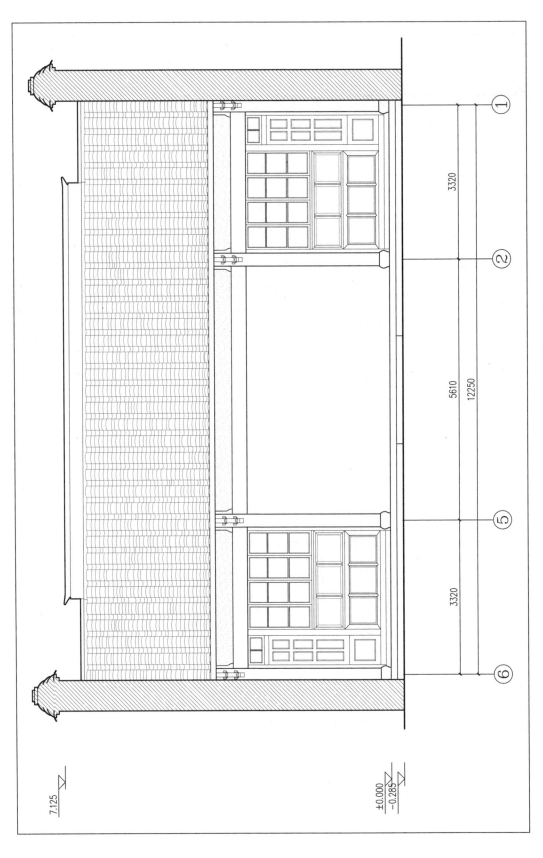

衣锦坊 31 号欧阳宅第一进主座后檐立面图

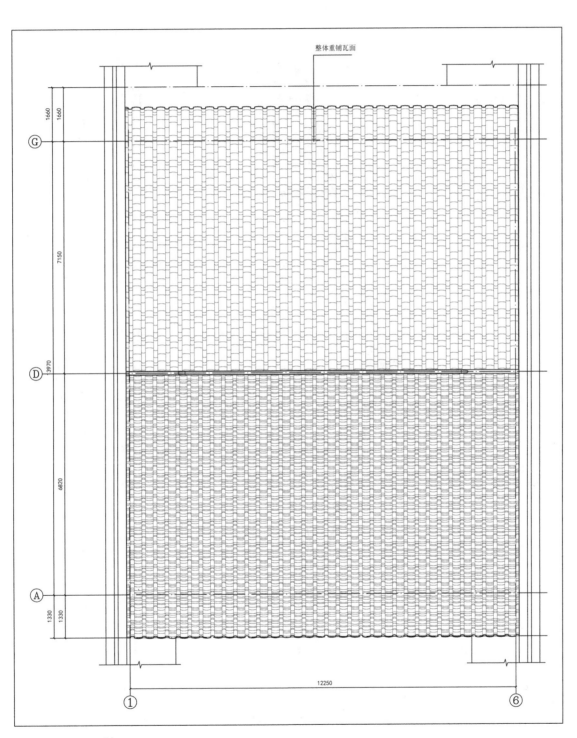

整体重铺瓦面

衣锦坊31号欧阳宅第一进主座屋顶俯视图

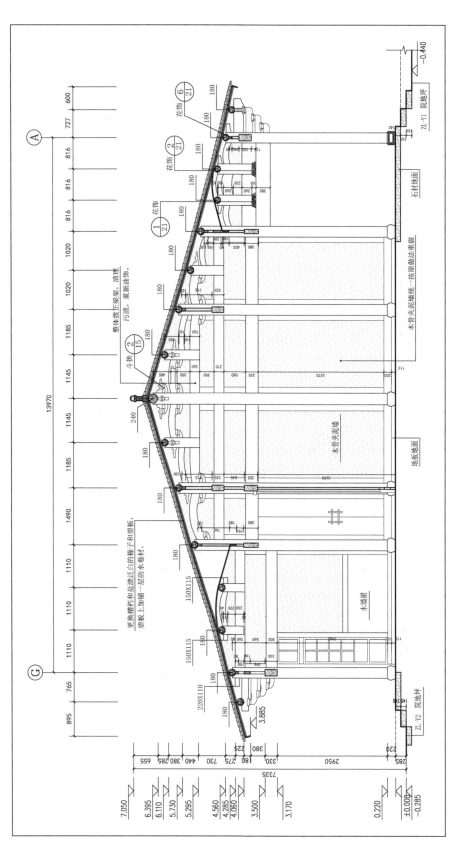

衣锦坊 31 号欧阳宅第一进主座 1-1 剖面图

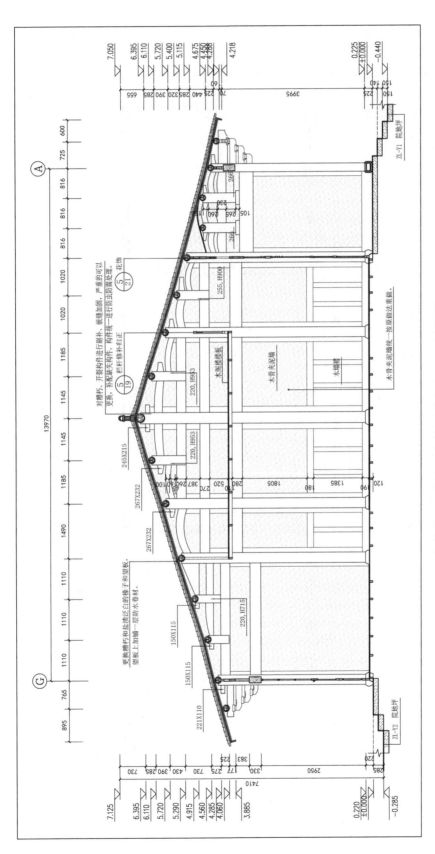

衣锦坊 31 号欧阳宅第一进主座 2-2 剖面图

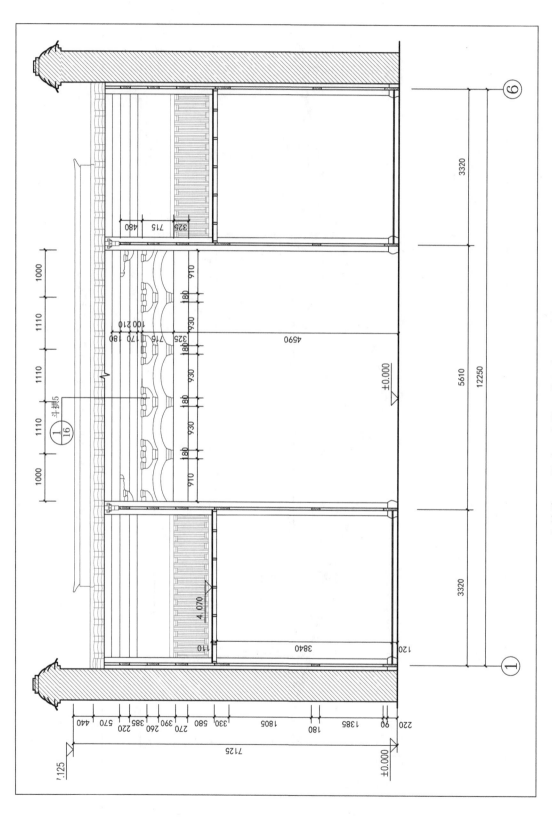

衣锦坊 31 号欧阳宅第一进主座 3-3 剖面图

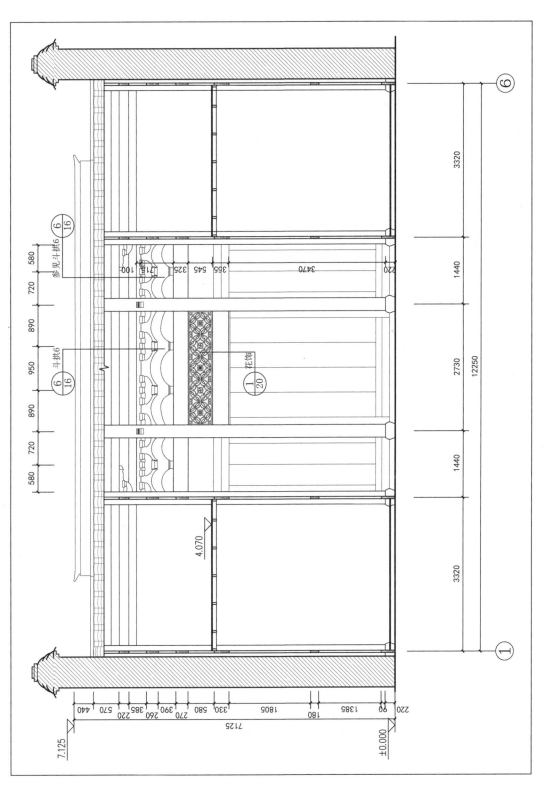

衣锦坊 31 号欧阳宅第一进主座 4-4 剖面图

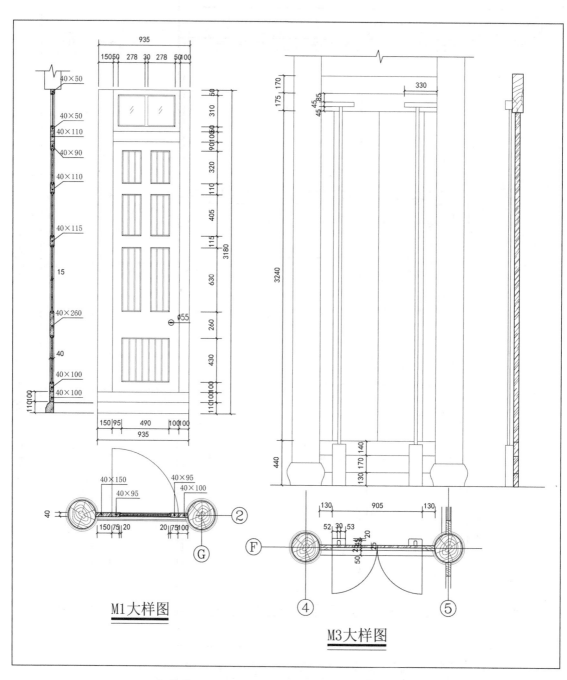

M1大样图

M3大样图

衣锦坊 31 号欧阳宅第一进主座门窗详图（一）

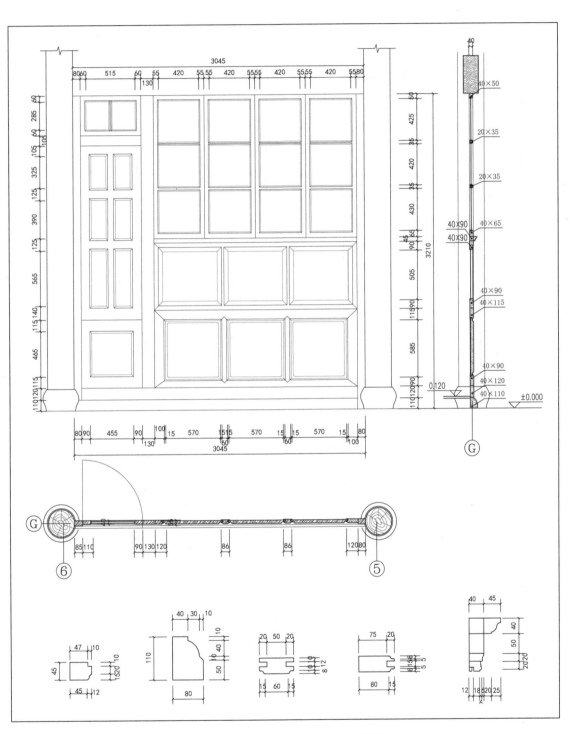

衣锦坊 31 号欧阳宅第一进主座门窗详图（二）

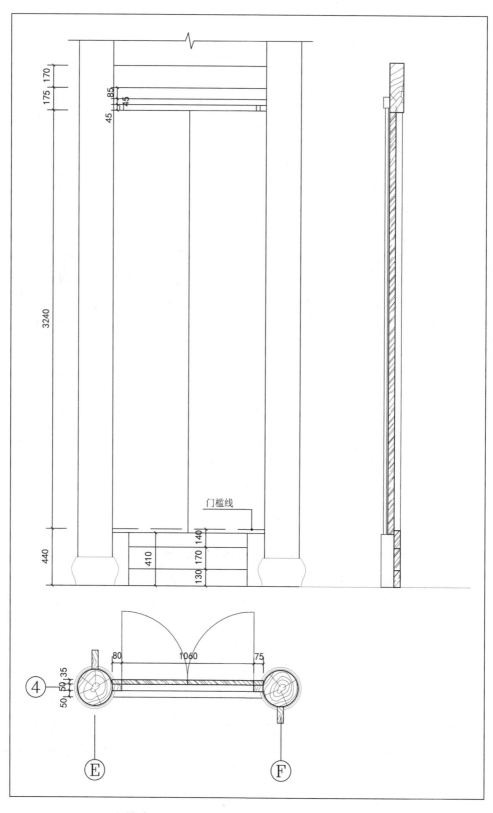

门槛线

衣锦坊 31 号欧阳宅第一进主座门窗详图（三）

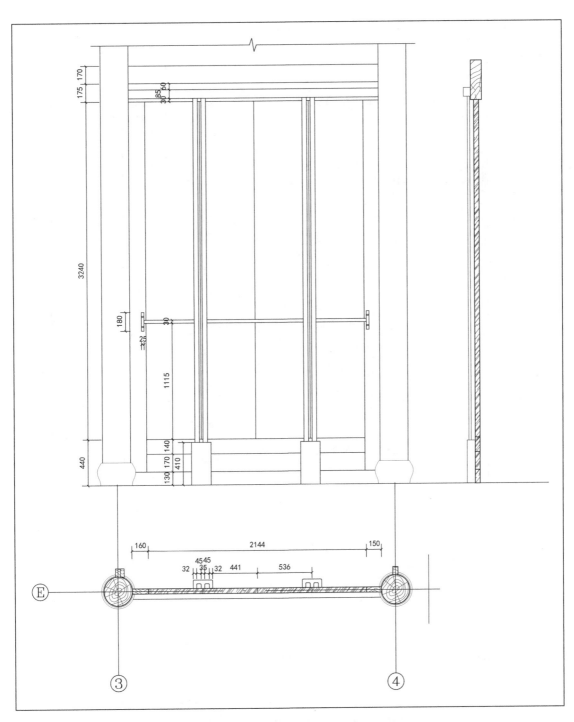

衣锦坊31号欧阳宅第一进主座门窗详图（四）

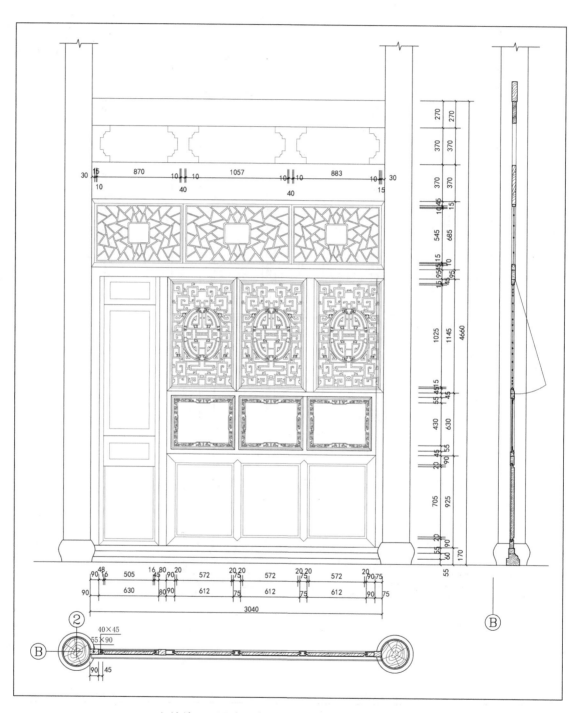

衣锦坊 31 号欧阳宅第一进主座门窗详图（五）

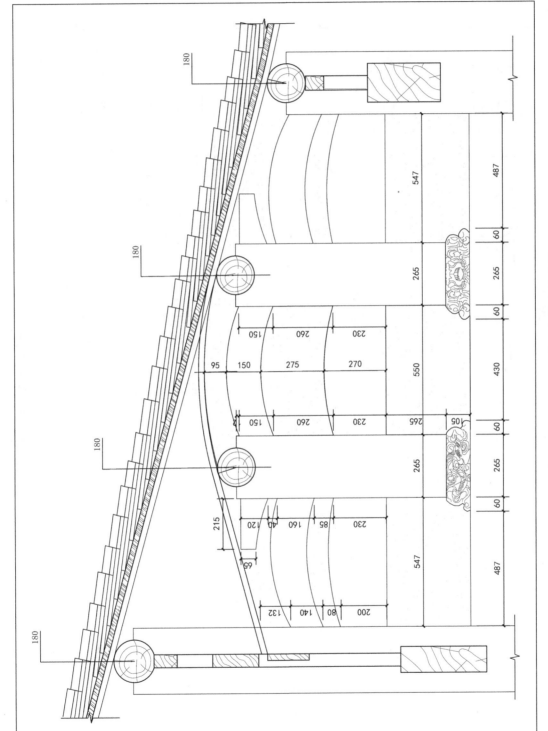

衣锦坊 31 号欧阳宅第一进主座前廊轩大样图

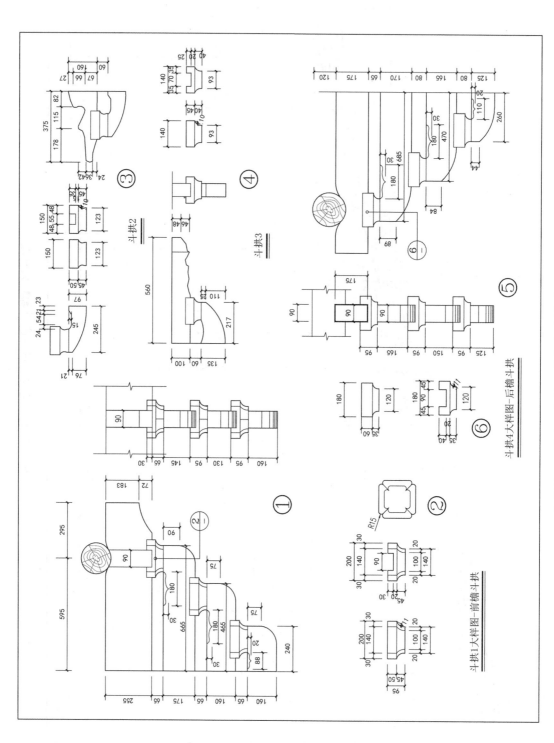

衣锦坊 31 号欧阳宅第一进主座斗拱详图（一）

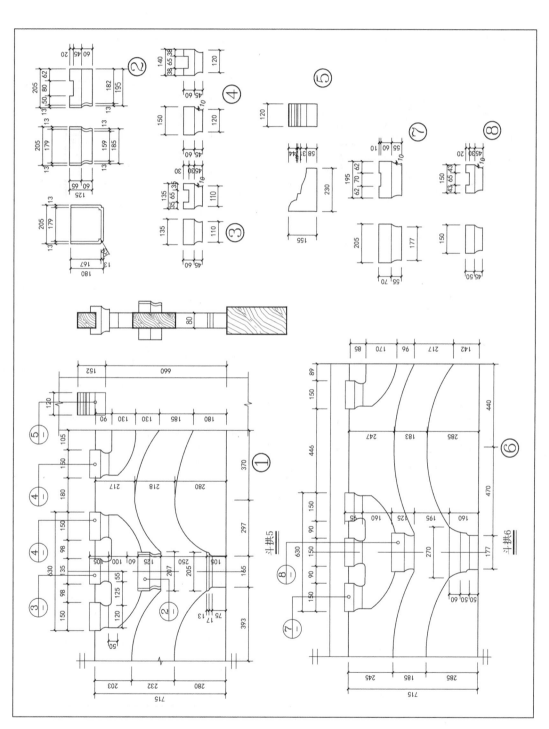

衣锦坊 31 号欧阳宅第一进主座斗拱详图（二）

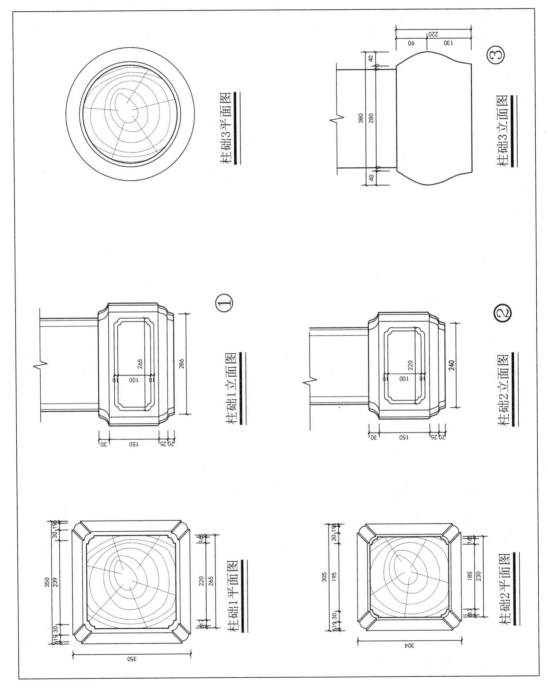

衣锦坊 31 号欧阳宅第一进主座柱础详图

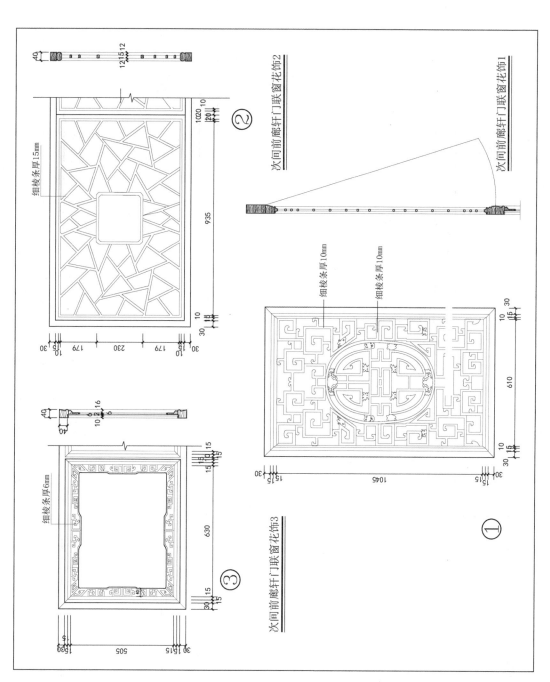

次间前廊轩门联窗花饰2　②

次间前廊轩门联窗花饰1

细棱条厚15mm

细棱条厚10mm

细棱条厚10mm

次间前廊轩门联窗花饰3　③

细棱条厚6mm

①

衣锦坊31号欧阳宅第一进主座花饰详图（一）

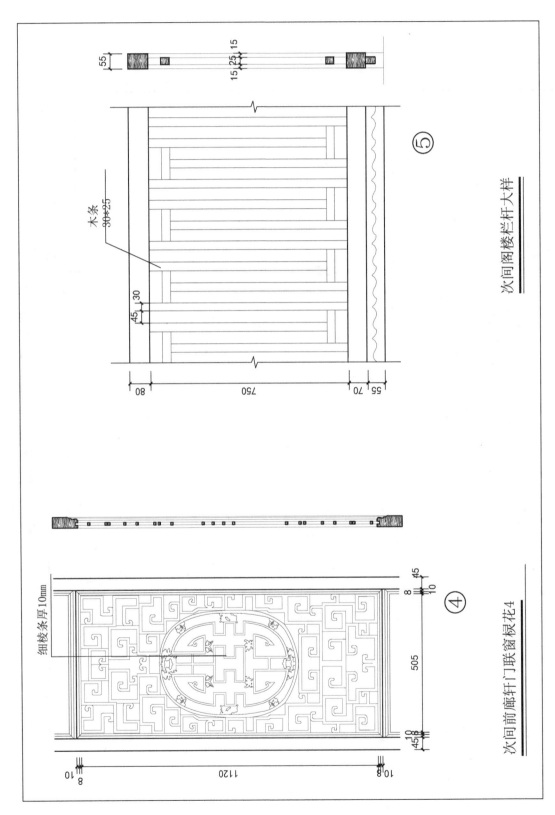

木条 30*25

次间阁楼栏杆大样

⑤

细棱条厚10mm

次间前廊轩门联窗棂花4

④

衣锦坊 31 号欧阳宅第一进主座花饰详图（二）

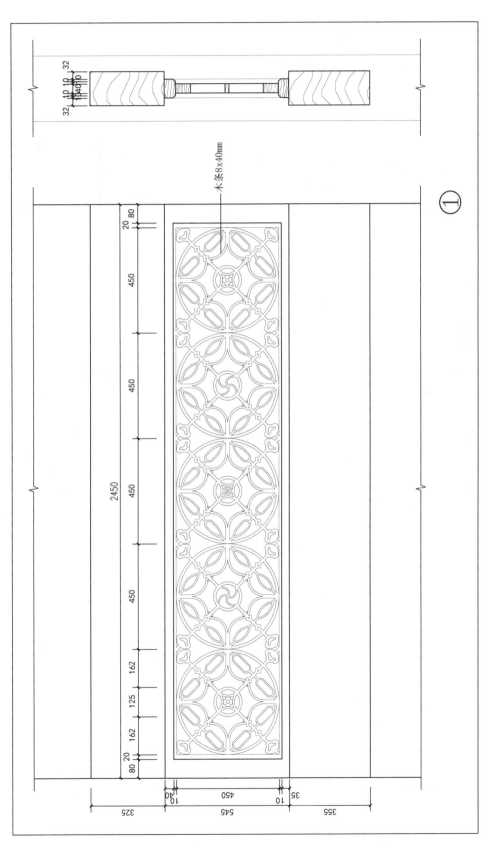

衣锦坊 31 号欧阳宅第一进主座花饰详图（三）

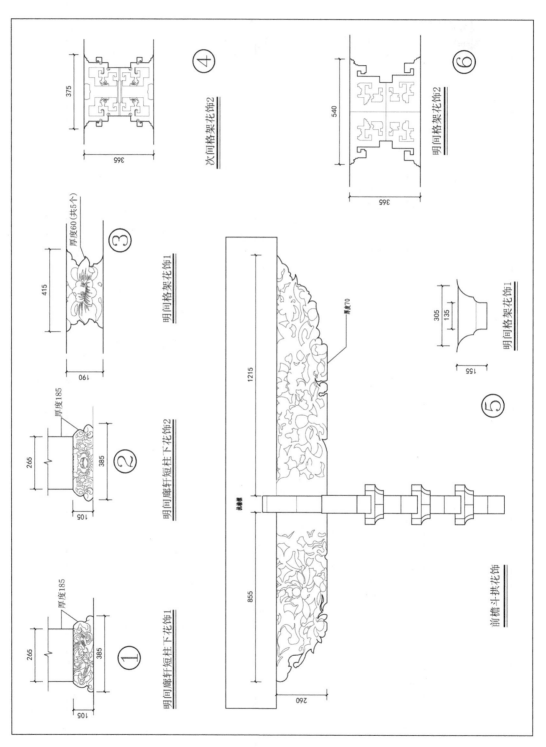

衣锦坊 31 号欧阳宅第一进主座花饰详图（四）

三、衣锦坊 31 号欧阳宅第二进主座

（一）建筑修缮方案

1. 台明
残损类型：表面磨损。

修缮方法：清理归安。

参考措施：清理石缝，整体归安。

2. 地面
残损类型：地板开裂磨损、龙骨腐朽、人为不当改造。

修缮方法：石条地面进行清理归安，架空木地板全部更换龙骨，重新铺钉，对糟朽地板进行修补加固。后檐三合土地面按原八角图案重做。

参考措施：去除不当修补痕迹，参照三合土地面和图案做法，恢复完整三合土装饰地面。全部更换地板下木龙骨，适当清理木地板，补配新料，按原做法重新铺钉木地板清理石缝，整体归安。

3. 木构架
残损类型：虫蛀、开裂、连接松弛、构件歪闪缺失、人为改造。

修缮方法：整体归正梁架，清理构件，对糟朽、开裂构件进行修补更换，补配缺失构件，进行防虫防腐处理，重新油饰。

参考措施：整体梁架加固，打牮拨正，修补裂缝，缝宽 >0.5 厘米的用木条粘补；深达木心的加箍 1 道～2 道加固，采用原藤箍做法；开裂严重者予以更换。剔空糟朽，裂缝补配木料或环氧树脂灌缝，柱子表皮糟朽不超过 1/2 柱径采用剔补加固；糟朽严重高度不超过 1/4 柱高的采用墩接；柱心朽空采用灌浆加固，糟朽严重者予以更换。整体组件拨正，完整榫卯彼此归位，榫头折断或糟朽时，应剔除后用新料重新制榫。对缺失构件进行补配，重新油饰。清除剥落或不当的表面油饰，按原传统做法重新油饰。

4. 墙体
残损类型：空鼓、雨水污染。

修缮方法：去除后添封护木板，根据情况，对墙体进行加固和重做面层。按原样

重做木骨夹泥墙。

参考措施：铲除原墙面底灰，清理后重做面层，做法按原墙传统面层做法。拆除原墙体，清理干净，按原木骨夹泥墙做法重做墙面。去除不当的添加物，拆除后加建的隔墙、砖墙，恢复木构架上原有的木装修构件。

5. 橼望

残损类型：盐渍泛白、腐朽。

修缮方法：更换糟朽和盐渍泛白的橼子和望板，望板上加铺一层防水卷材。

参考措施：更换糟朽和盐渍泛白的橼望。

6. 装修

（1）明间

残损类型：人为改造。

修缮方法：去除现代装修，去除不当的木板封护，补配缺失构件，恢复原有装修。

参考措施：去除所有新建砖房和简易房，恢复完整的古民居木构架体系，恢复完整的院落格局。逐扇取下修补，整扇拆落归正，扭闪变形应接缝灌浆粘牢，背面接缝处加钉"L""T"形铁活加固）；边梃抹头劈裂局部朽裂可钉补齐整，严重的应复制更换，背面钉铁活。去除不当的现代装修，归正修复原有的木构体系，恢复原有的室内隔扇和门窗装修。各组装饰构件整体拆落归正，修补加固各配件，残缺部分按原样补配齐整，不宜整换。

（2）东、西次间

残损类型：人为改造、构件缺失。

修缮方法：去除加建的红砖房和木板房，对传统装修进行辨别，去除不当添加物，清理加固原有构件，补配缺失构件。

参考措施：去除所有新建砖房和简易房，恢复完整的古民居木构架体系，恢复完整的院落格局。逐扇取下修补，整扇拆落归正，扭闪变形应接缝灌浆粘牢，背面接缝处加钉"L""T"形铁活加固）；边梃抹头劈裂局部朽裂可钉补齐整，严重的应复制更换，背面钉铁活。去除不当的现代装修，归正修复原有的木构体系，恢复原有的室内隔扇和门窗装修。各组装饰构件整体拆落归正，修补加固各配件，残缺部分按原样补配齐整，不宜整换。

7.屋面

残损类型：瓦面破损、人为改造。

修缮方法：去除阁楼，恢复原屋脊，重新铺瓦。

参考措施：去除阁楼和突出屋顶的老虎窗，整理构架，重新铺设瓦面，恢复完整屋面。

（二）修缮设计图纸

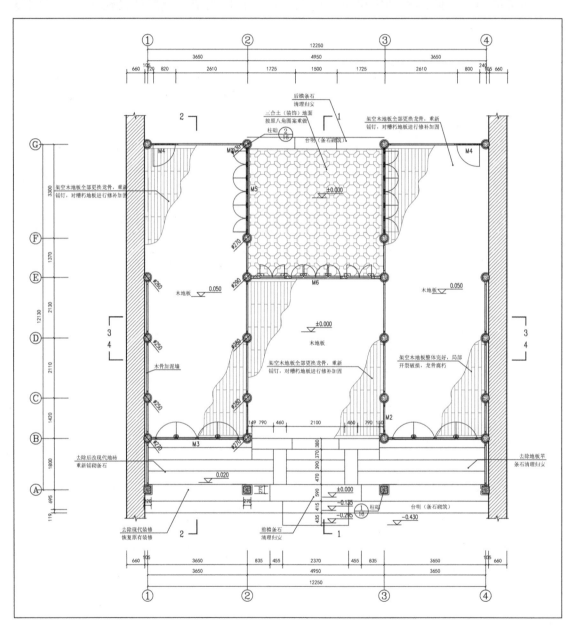

衣锦坊 31 号欧阳宅第二进主座一层平面图

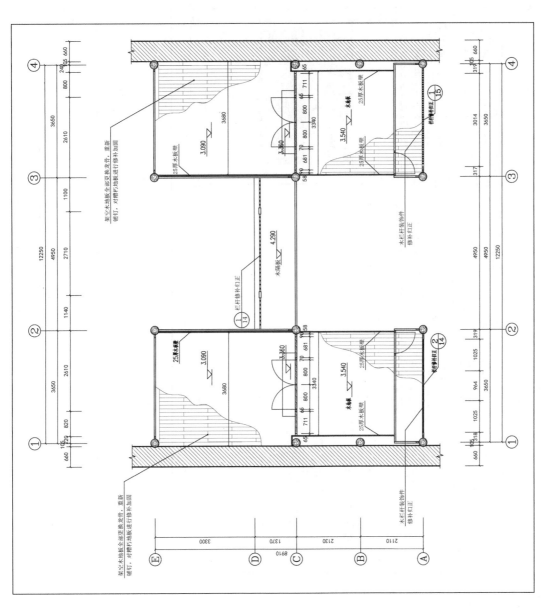

衣锦坊 31 号欧阳宅第二进主座二层平面图

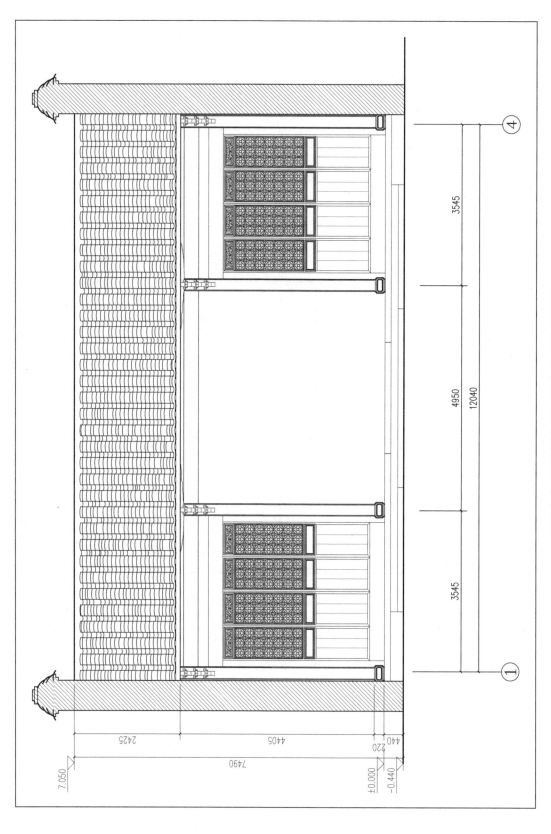

衣锦坊 31 号欧阳宅第二进主座前檐立面图

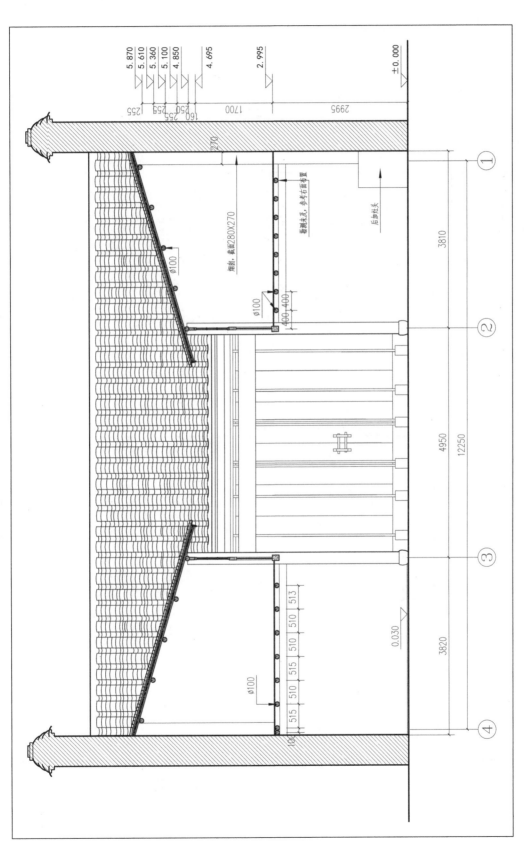

衣锦坊 31 号欧阳宅第二进主座后檐立面图

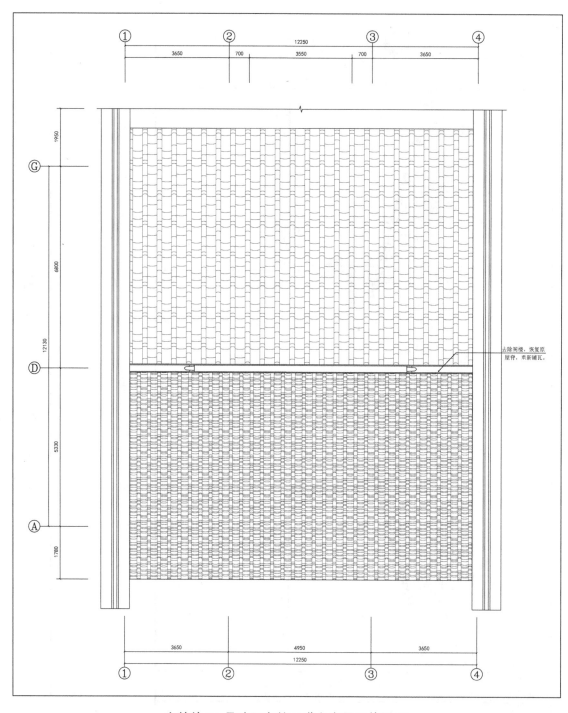

去除阁楼，恢复原
屋脊，重新铺瓦。

衣锦坊 31 号欧阳宅第二进主座屋顶俯视图

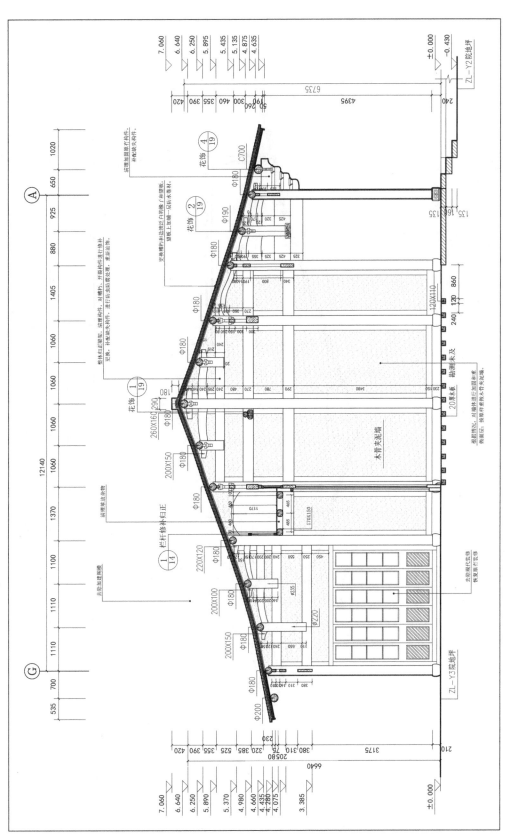

衣锦坊 31 号欧阳宅第二进主座 1-1 剖面图

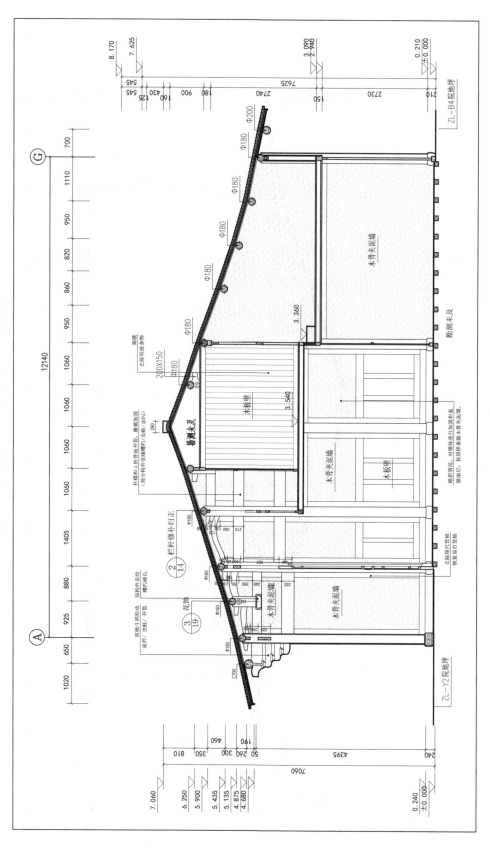

衣锦坊 31 号欧阳宅第二进主座 2-2 剖面图

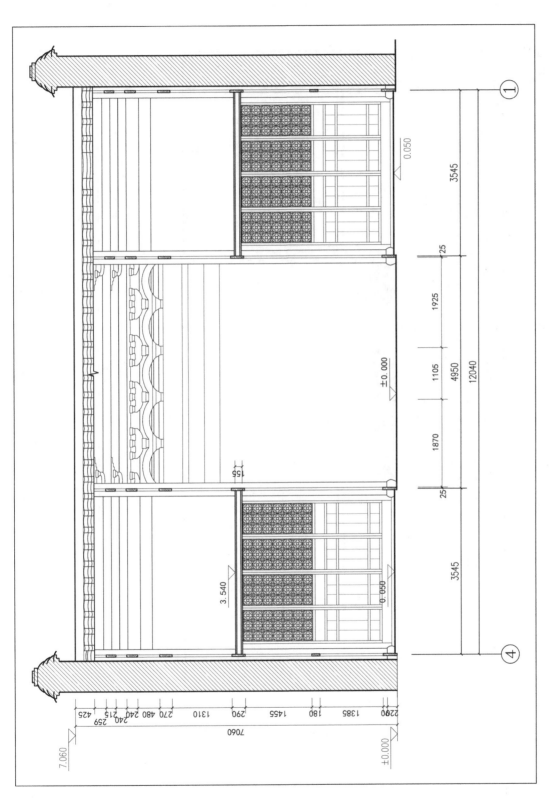

衣锦坊 31 号欧阳宅第二进主座 3—3 剖面图

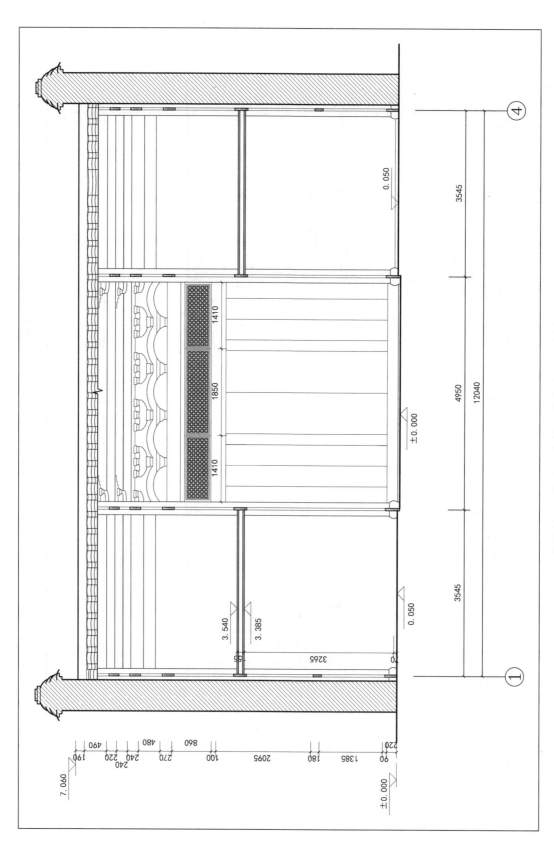

衣锦坊 31 号欧阳宅第二进主座 4-4 剖面图

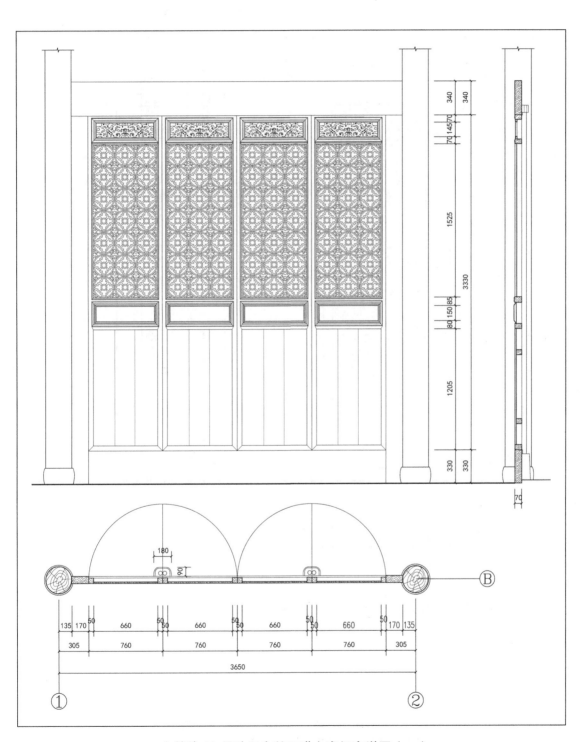

衣锦坊 31 号欧阳宅第二进主座门窗详图（一）

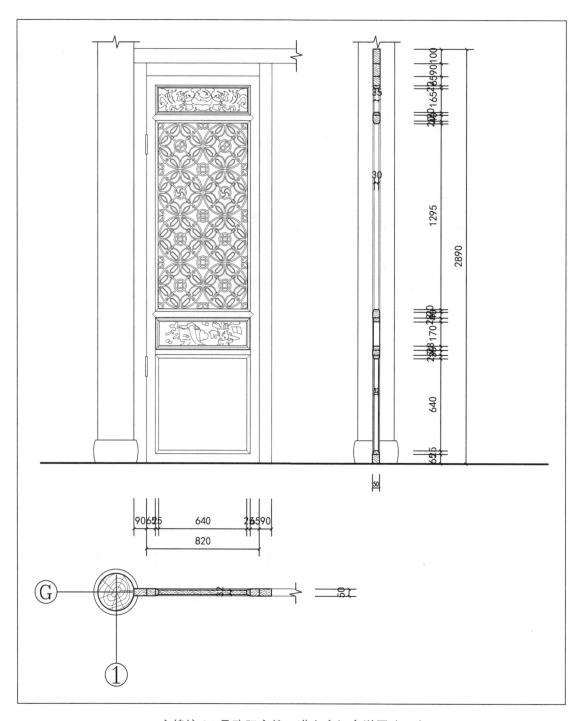

衣锦坊 31 号欧阳宅第二进主座门窗详图（二）

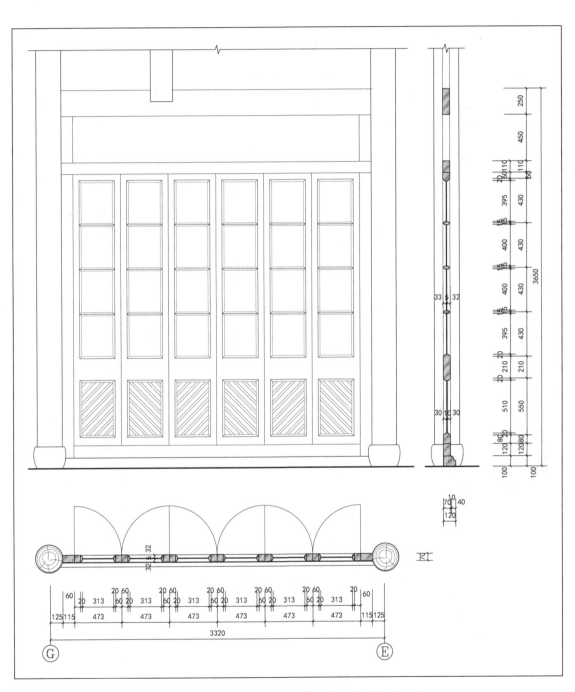

衣锦坊 31 号欧阳宅第二进主座门窗详图（三）

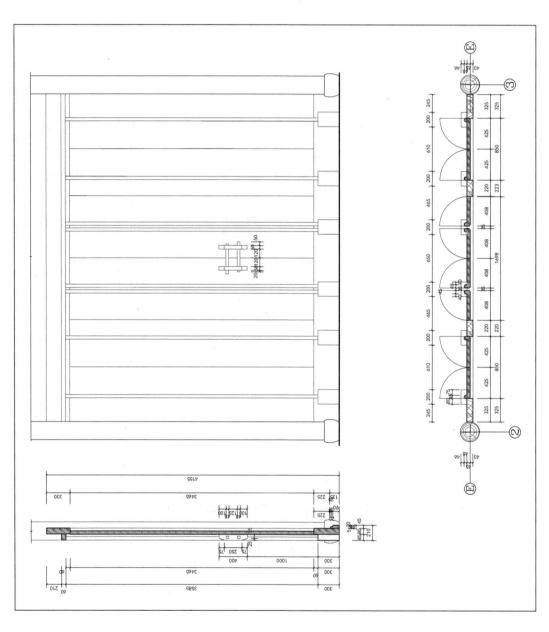

衣锦坊 31 号欧阳宅第二进主座门窗详图（四）

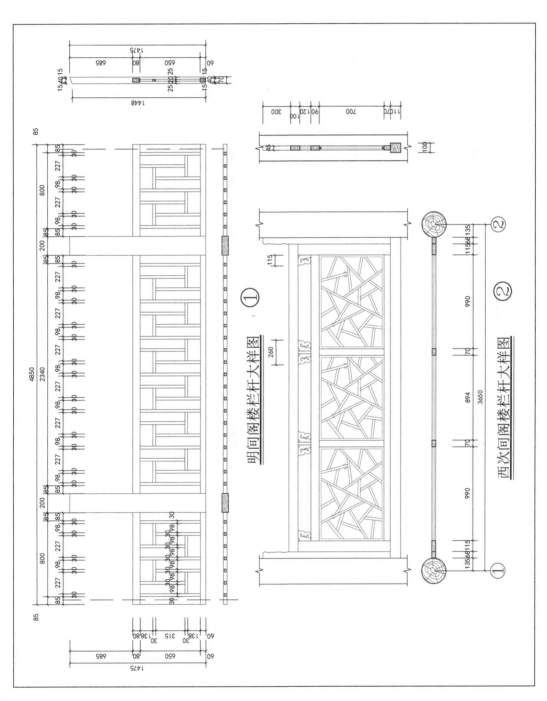

明间阁楼栏杆大样图 ①

西次间阁楼栏杆大样图 ②

衣锦坊 31 号欧阳宅第二进主座阁楼栏杆详图（一）

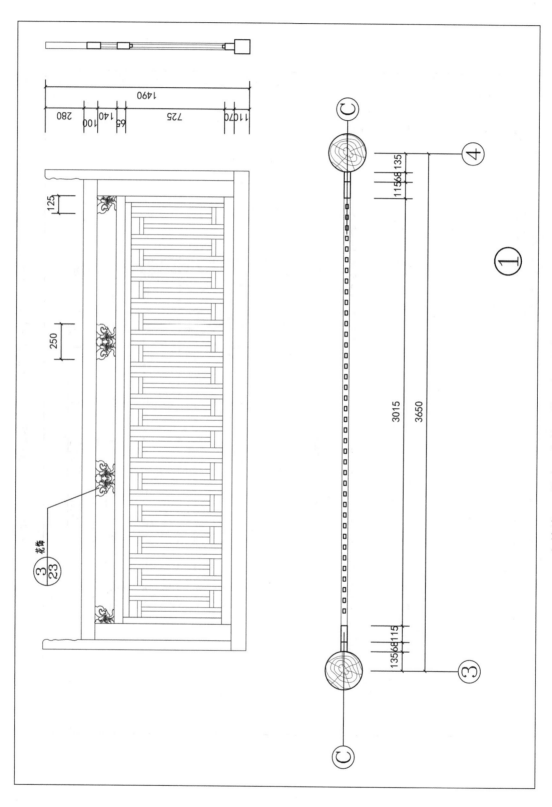

衣锦坊 31 号欧阳宅第二进主座阁楼栏杆详图（二）

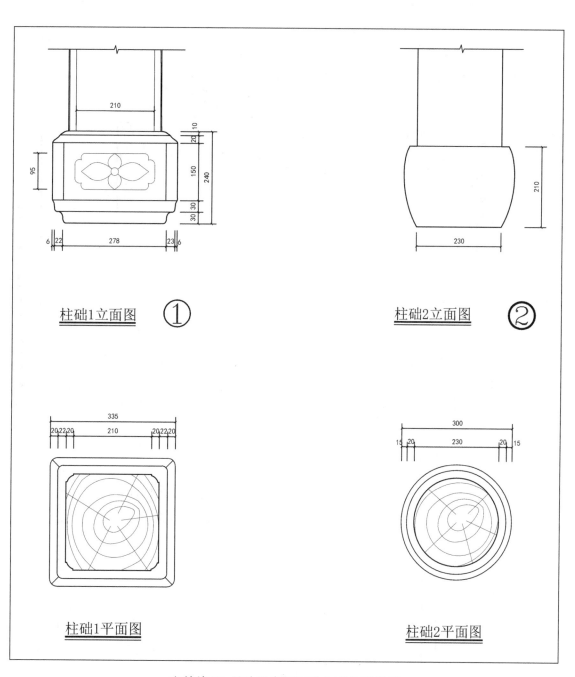

柱础1立面图　①　　　　柱础2立面图　②

柱础1平面图　　　　　　柱础2平面图

衣锦坊 31 号欧阳宅第二进主座柱础详图

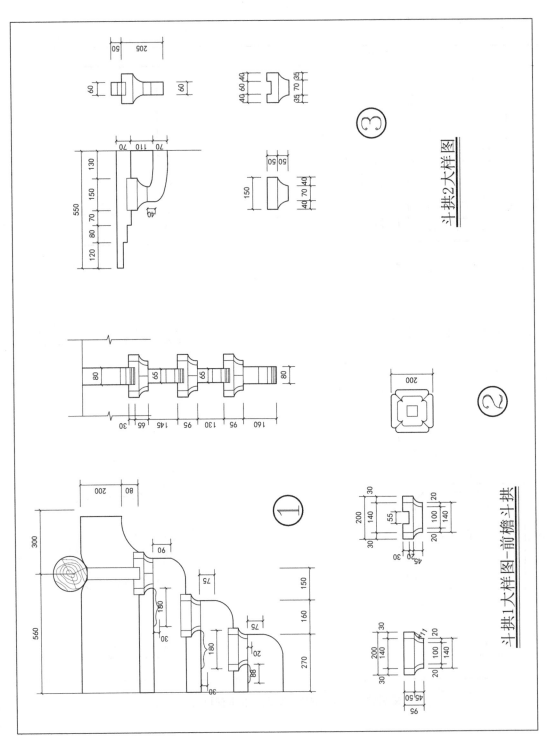

斗拱2大样图

斗拱1大样图–前檐斗拱

衣锦坊31号欧阳宅第二进主座阁楼斗拱详图（一）

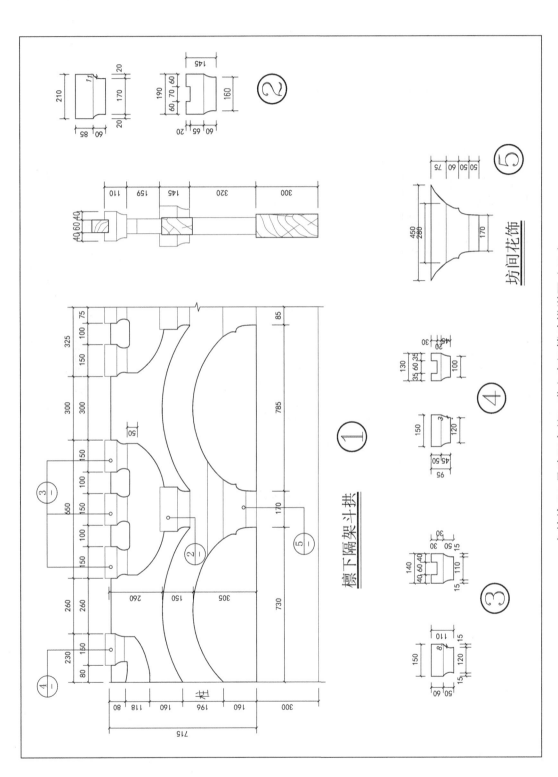

檩下隔架斗拱

坊间花饰

衣锦坊 31 号欧阳宅第二进主座阁楼斗拱详图（二）

285

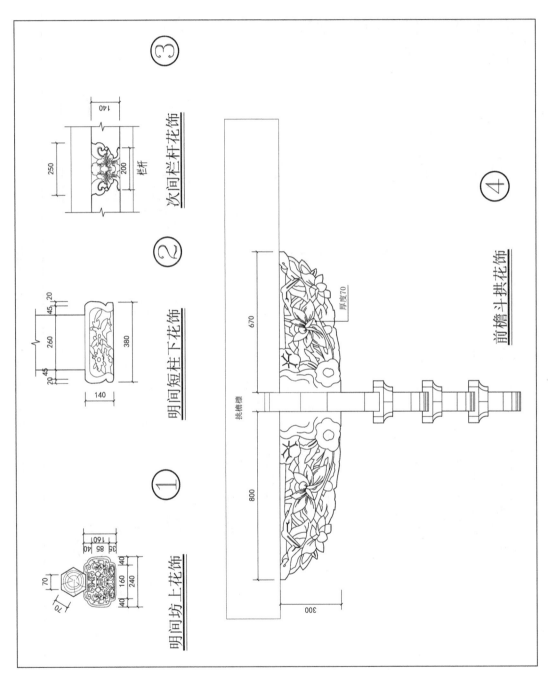

① 明间坊上花饰

② 明间短柱下花饰

③ 次间栏杆花饰

④ 前檐斗拱花饰

衣锦坊 31 号欧阳宅第二进主座阁楼花饰详图

四、衣锦坊 31 号欧阳宅第三进院落东厢房

（一）建筑修缮方案

1. 台明

残损类型：表面磨损。

修缮方法：清理归安。

参考措施：清理石缝，整体归安。

2. 地面

残损类型：人为不当改造。

修缮方法：去除水泥，恢复三合土地面。

参考措施：去除水泥地面，恢复原三合土地面。

3. 木构架

残损类型：开裂、构件歪闪缺失、腐朽散乱、人为改造。

修缮方法：更换严重糟朽立柱，整体构架归安，修复破损裙板，按西厢恢复传统门窗。

参考措施：剔空糟朽，裂缝补配木料或环氧树脂灌缝，柱子表皮糟朽不超过 1/2 柱径采用剔补加固；糟朽严重高度不超过 1/4 柱高的采用墩接；柱心朽空采用灌浆加固，糟朽严重者予以更换。去除后来改造的木制门窗，参照相关位置的遗存，重新设计恢复原传统门窗式样。

4. 墙体

残损类型：起甲空鼓、雨水污染。

修缮方法：去除不当添加物，重做面层，墙头去除缸砖，恢复传统式样。

参考措施：铲除原墙面底灰，清理后重做面层，做法按原墙传统面层做法。去除不当的添加物，拆除后加建的隔墙、砖墙，恢复木构架上原有的木装修构件。

5. 椽望

残损类型：盐渍泛白、腐朽。

修缮方法：更换糟朽和盐渍泛白的椽子和望板，望板上加铺一层防水卷材。

参考措施：更换糟朽和盐渍泛白的椽望。

6. 装修

残损类型：人为改造、门窗缺失、构件残破。

修缮方法：去除后来添加的灶台，恢复二层原有门窗和木地板。

参考措施：去除不当的现代装修，归正修复原有的木构体系，恢复原有的室内隔扇和门窗装修。

7. 屋面

残损类型：瓦面破损、人为改造。

修缮方法：去除后来添加物，重新铺瓦。

参考措施：清理去除水泥修补痕迹，清理瓦面后，添补少量新瓦，重铺瓦面。

（二）修缮设计图纸

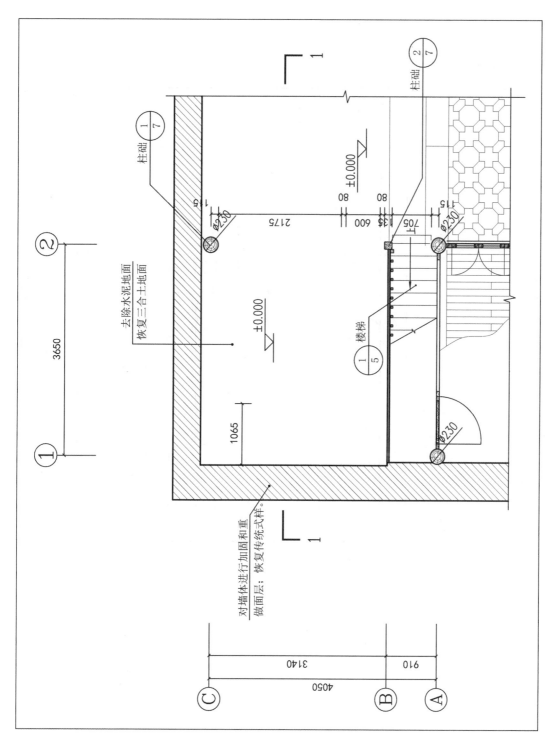

衣锦坊 31 号欧阳宅第三进院落东厢房一层平面图

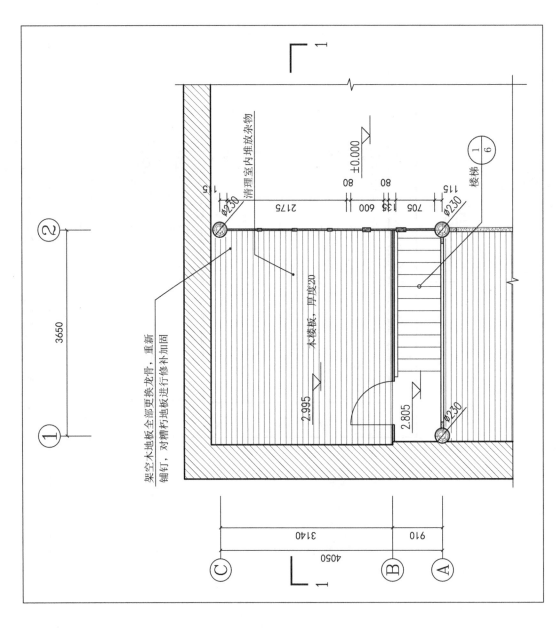

衣锦坊 31 号欧阳宅第三进院落东厢房二层平面图

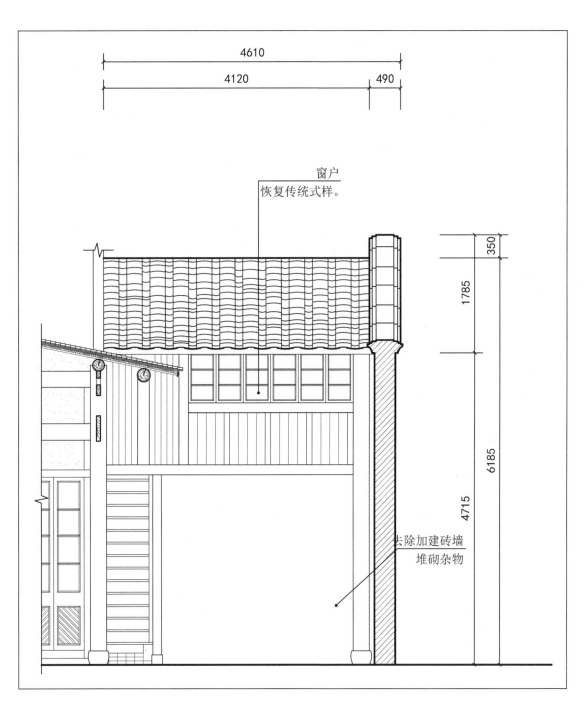

窗户
恢复传统式样。

去除加建砖墙
堆砌杂物

衣锦坊31号欧阳宅第三进院落东厢房立面图

衣锦坊 31 号欧阳宅第三进院落东厢房屋顶俯视图

去除红缸砖
恢复传统式样。

去除后添加物
重新铺瓦。

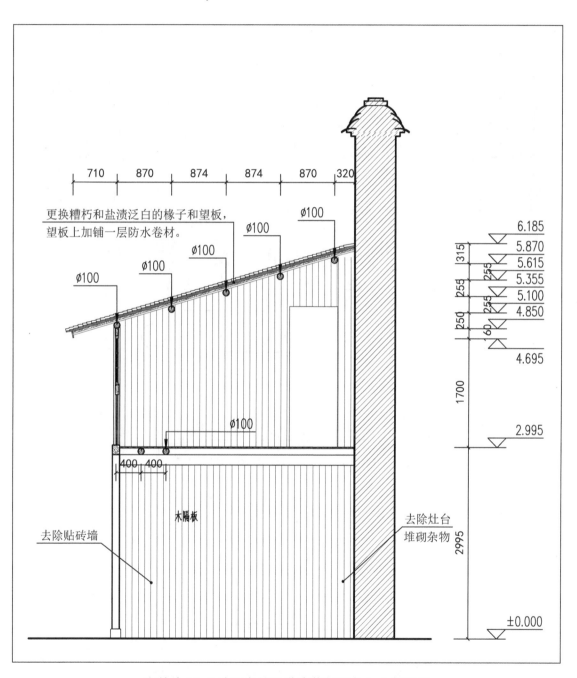

更换糟朽和盐渍泛白的椽子和望板，
望板上加铺一层防水卷材。

去除贴砖墙

木隔板

去除灶台
堆砌杂物

衣锦坊31号欧阳宅第三进院落东厢房1-1剖面图

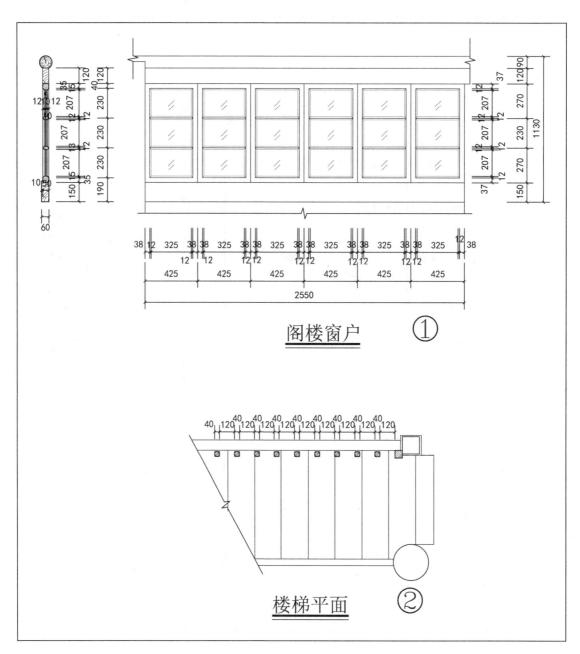

阁楼窗户 ①

楼梯平面 ②

衣锦坊 31 号欧阳宅第三进院落东厢房阁楼门窗详图

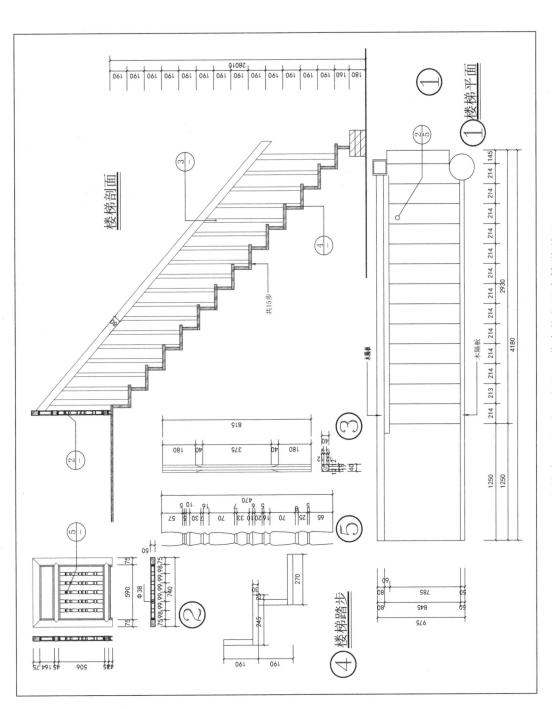

衣锦坊 31 号欧阳宅第三进院落东厢房楼梯详图

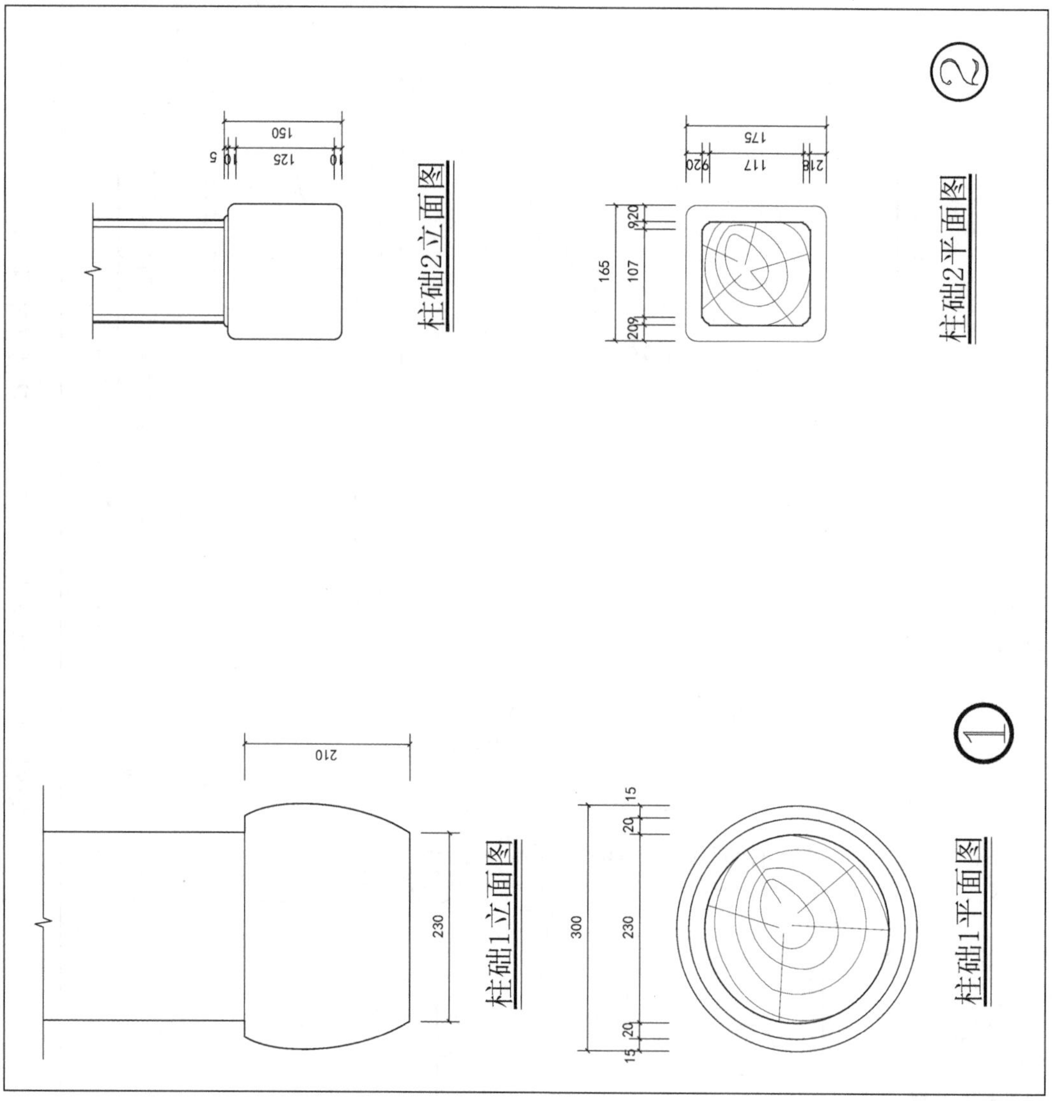

柱础2立面图
柱础2平面图
柱础1立面图
柱础1平面图
①
②
150
125
175
117
165
107
210
230
300
230

衣锦坊31号欧阳宅第二进院落东厢房柱础详图

五、衣锦坊 31 号欧阳宅第三进院落西厢房

（一）建筑修缮方案

1. 台明

残损类型：表面磨损。

参考措施：清理石缝，整体归安。

2. 地面

残损类型：不详。

修缮方法：视情况确定，可参考东厢房做法。

参考措施：去除水泥地面，恢复原三合土地面。

3. 木构架

残损类型：开裂、人为改造。

修缮方法：去除后改造的房间，去除二层房间后添现代装修。归正构架，修补开裂糟朽构件，补配缺失门窗。

参考措施：去除所有新建砖房和简易房，恢复完整的古民居木构架体系，恢复完整的院落格局。剔空糟朽，裂缝补配木料或环氧树脂灌缝，柱子表皮糟朽不超过 1/2 柱径采用剔补加固；糟朽严重高度不超过 1/4 柱高的采用墩接；柱心朽空采用灌浆加固，糟朽严重者予以更换。去除木构架表面不当添加物（装修物），恢复并修缮原有木构架体系。

4. 墙体

残损类型：不详。

修缮方法：视情况确定，参考东厢房做法。

5. 椽望

残损类型：盐渍泛白、腐朽。

修缮方法：更换糟朽和盐渍泛白的椽子和望板，望板上加铺一层防水卷材。

参考措施：更换糟朽和盐渍泛白的椽望。

6. 装修

残损类型：人为改造。

修缮方法：去除后添现代室内装修，设计恢复原有传统装饰。

参考措施：去除不当的现代装修，归正修复原有的木构体系，恢复原有的室内隔扇和门窗装修。

7. 屋面

残损类型：瓦面破损、人为改造。

修缮方法：重铺瓦面。

参考措施：清理去除水泥修补痕迹，清理瓦面后，添补少量新瓦，重铺瓦面。

（二）修缮设计图纸

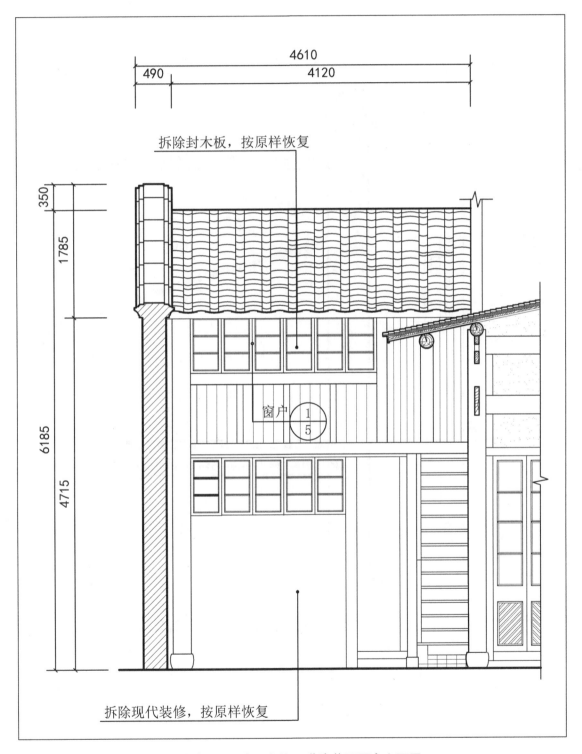

拆除封木板，按原样恢复

窗户　$\dfrac{1}{5}$

拆除现代装修，按原样恢复

衣锦坊31号欧阳宅第三进院落西厢房立面图

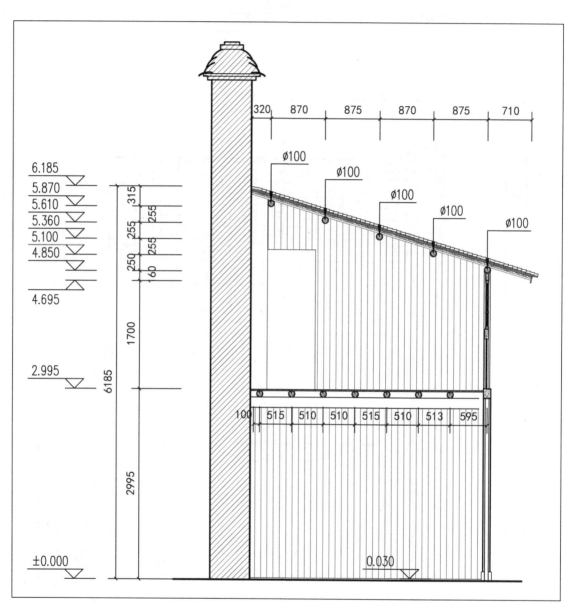

衣锦坊 31 号欧阳宅第三进院落西厢房 1-1 剖面图

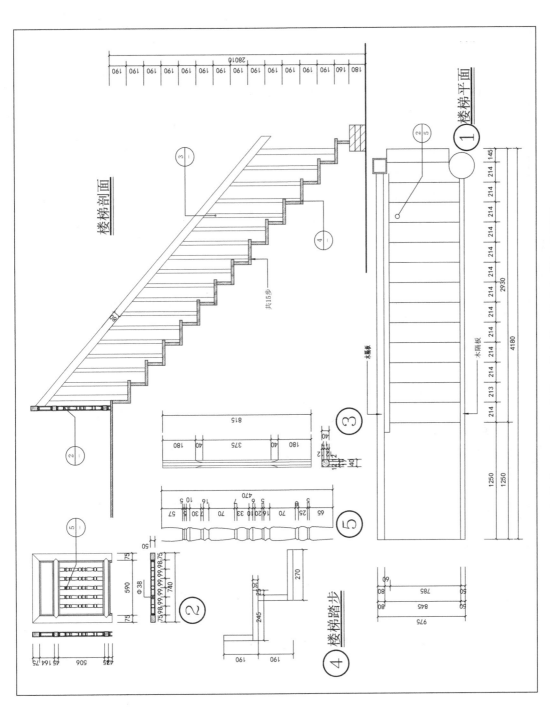

衣锦坊 31 号欧阳宅第三进院落西厢房阁楼门窗详图

楼梯平面 ①

楼梯剖面

楼梯踏步 ④

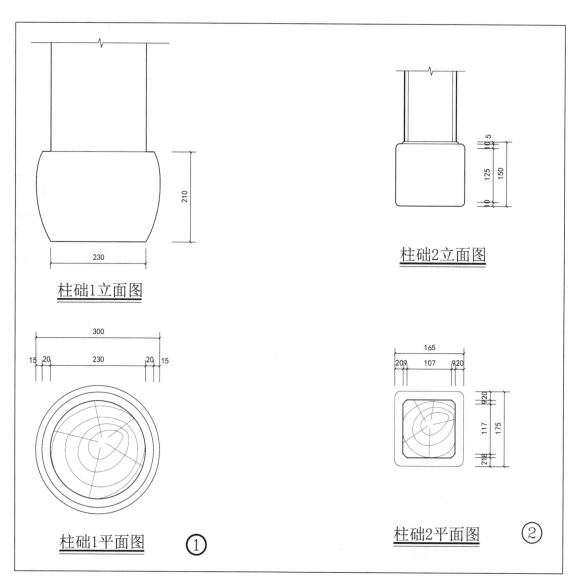

210

230

柱础1立面图

5
125
150

柱础2立面图

300

15 20 230 20 15

柱础1平面图 ①

165

209 107 920

920
117
218
175

柱础2平面图 ②

衣锦坊 31 号欧阳宅第三进院落西厢房柱础详图

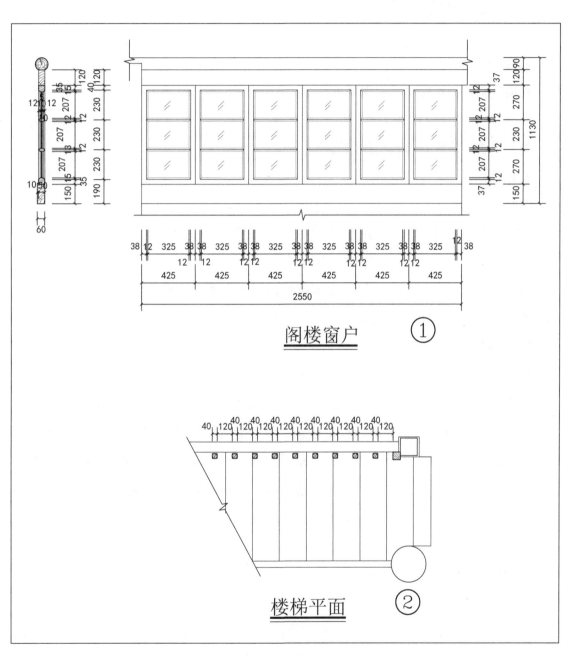

阁楼窗户 ①

楼梯平面 ②

衣锦坊31号欧阳宅第三进院落西厢房楼梯详图

六、衣锦坊 31 号花厅院落北端倒座书房

（一）建筑修缮方案

1. 台明

残损类型：位移松动、表面磨损。

修缮方法：清理归安。

参考措施：清理石缝，整体归安。

2. 地面

明间

残损类型：龙骨腐朽、地板开裂、磨损、人为不当改造。

修缮方法：更换龙骨，重新铺钉木地板。

参考措施：去除不当修补物，全部更换地板下木龙骨，修补更换糟朽木板，重新铺钉木地板，尽量选用原木地板。

3. 木构架

残损类型：虫蛀、部分构件歪闪、开裂。

修缮方法：梁架归正，适当清理修补糟朽严重的构件，进行防虫防腐处理。

参考措施：整体梁架加固，打牮拨正，修补裂缝，缝宽 >0.5 厘米的用木条粘补；深达木心的加箍 1 道 ~ 2 道加固，采用原藤箍做法；开裂严重者予以更换。整体组件拨正，完整榫卯彼此归位，榫头折断或糟朽时，应剔除后用新料重新制榫。对缺失构件进行补配，重新油饰。委托专业公司进行虫蚁病害研究，确定防治方法，对虫害构件进行清理修补加固后，统一做防虫防腐处理。

4. 墙体

残损类型：墙体外闪、空鼓变形、起甲剥落、雨水受潮。

修缮方法：拆除北墙东段重砌，全部重做面层。梁架间的木骨泥墙重做。

参考措施：按当地原墙做法，拆除重砌。按原木骨夹泥墙传统做法新做墙面，填补残缺部分，将梁架墙面补配完整。

5. 椽望

残损类型：盐渍泛白、腐朽。

修缮方法：更换糟朽和盐渍泛白的椽子和望板，望板上加铺一层防水卷材。

参考措施：更换糟朽和盐渍泛白的椽望。

6. 装修

残损类型：构件缺失、磨损残缺。

修缮方法：拆卸门窗，补配缺失构件，加固榫卯，更换锈蚀门轴五金，做防虫防腐处理。

参考措施：逐扇取下修补，整扇拆落归正，扭闪变形应接缝灌浆粘牢，背面接缝处加钉"L""T"形铁活加固）；边梃抹头劈裂局部朽裂可钉补齐整，严重的应复制更换，背面钉铁活。根据缺失、折断等情况，补配残缺小木棂和装饰件，原样补配完整，不可整换完整。

7. 屋面

残损类型：少量瓦面碎裂。

修缮方法：重新铺瓦。

参考措施：清理去除水泥修补痕迹，清理瓦面后，添补少量新瓦，重铺瓦面。

（二）修缮设计图纸

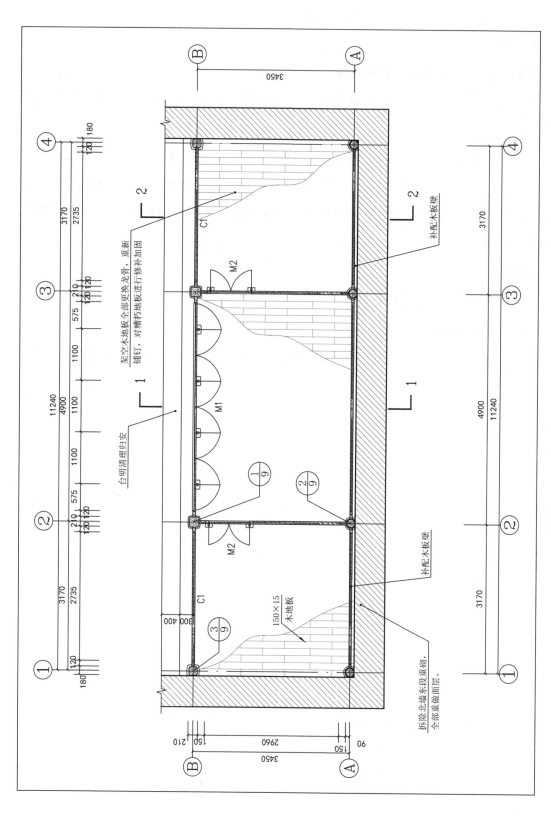

衣锦坊 31 号花厅院落北端倒座书房平面图

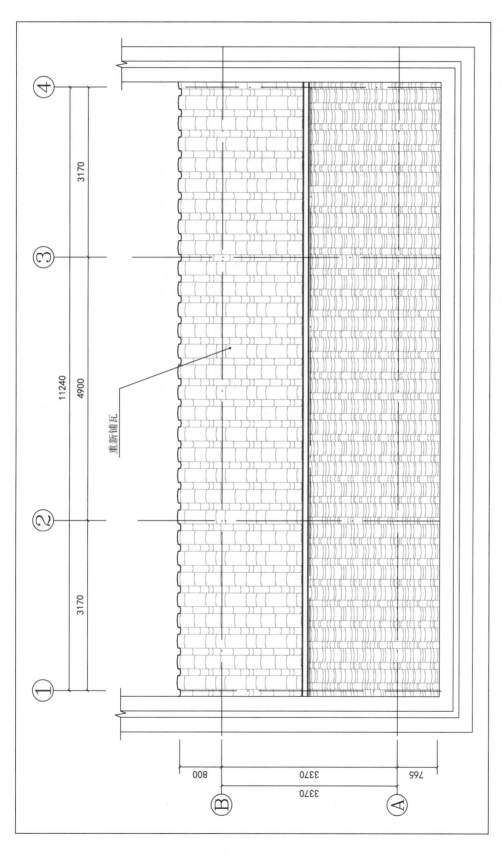

重新铺瓦

衣锦坊 31 号花厅院落北端倒座书房屋顶平面图

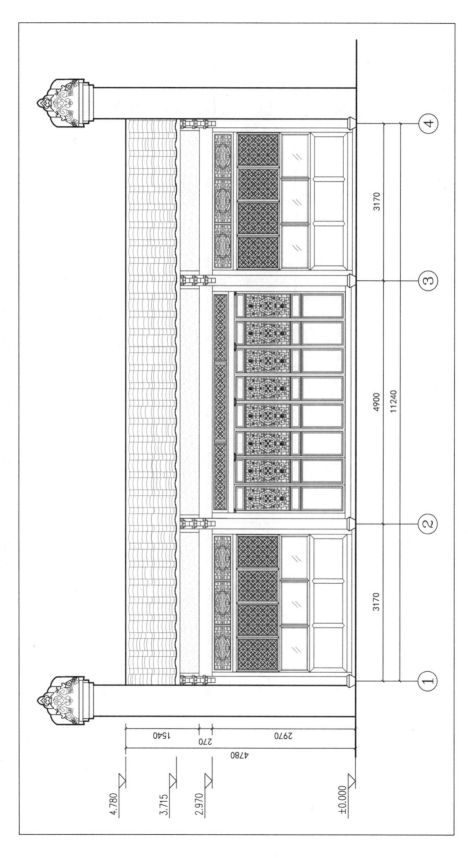

衣锦坊 31 号花厅院落北端倒座书房前檐立面图

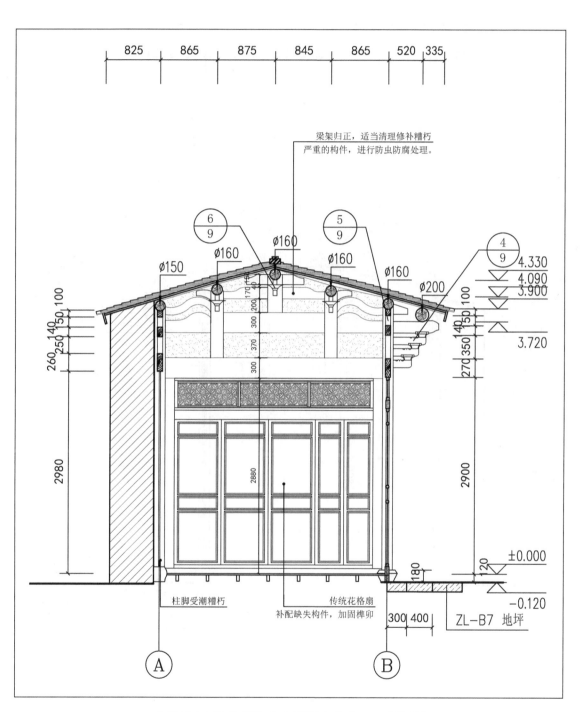

825　865　875　845　865　520　335

梁架归正，适当清理修补糟朽
严重的构件，进行防虫防腐处理。

柱脚受潮糟朽

传统花格扇
补配缺失构件，加固榫卯

ZL-B7 地坪

衣锦坊 31 号花厅院落北端倒座书房 1-1 剖面图

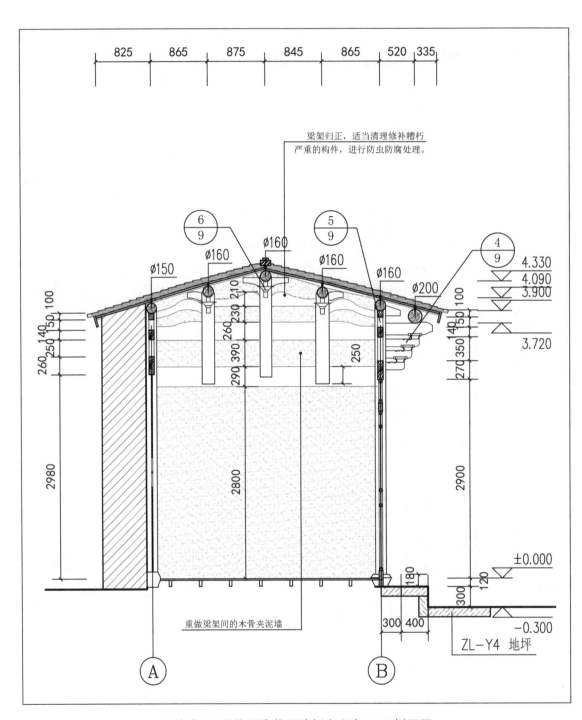

梁架归正，适当清理修补糟朽严重的构件，进行防虫防腐处理。

重做梁架间的木骨夹泥墙

ZL-Y4 地坪

衣锦坊31号花厅院落北端倒座书房2-2剖面图

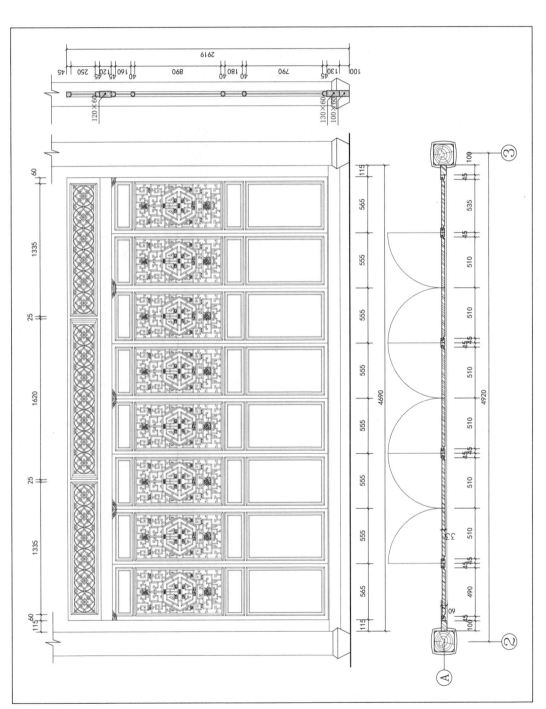

衣锦坊31号花厅院落北端倒座书房门窗详图（一）

衣锦坊 31 号花厅院落北端倒座书房门窗详图（二）

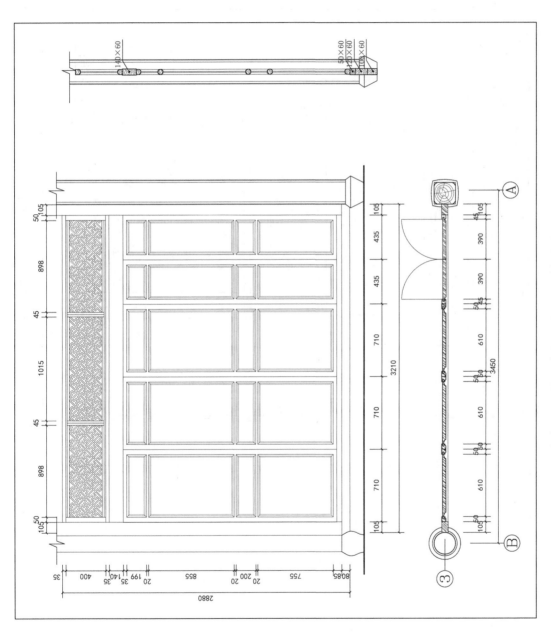

衣锦坊 31 号花厅院落北端倒座书房门窗详图（三）

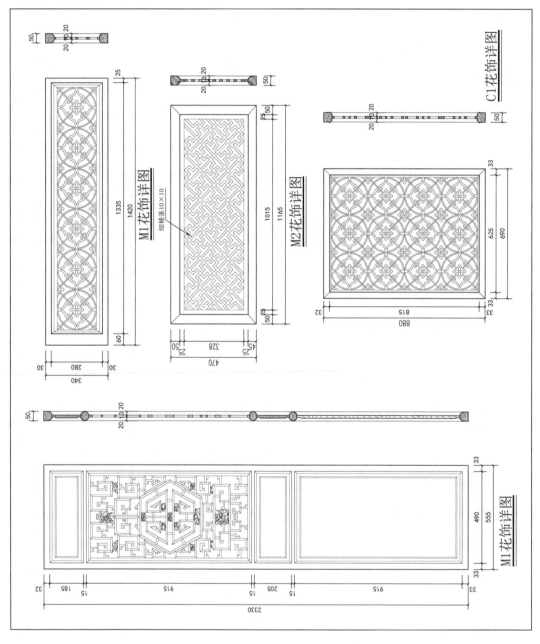

衣锦坊 31 号花厅院落北端倒座书房花饰详图（一）

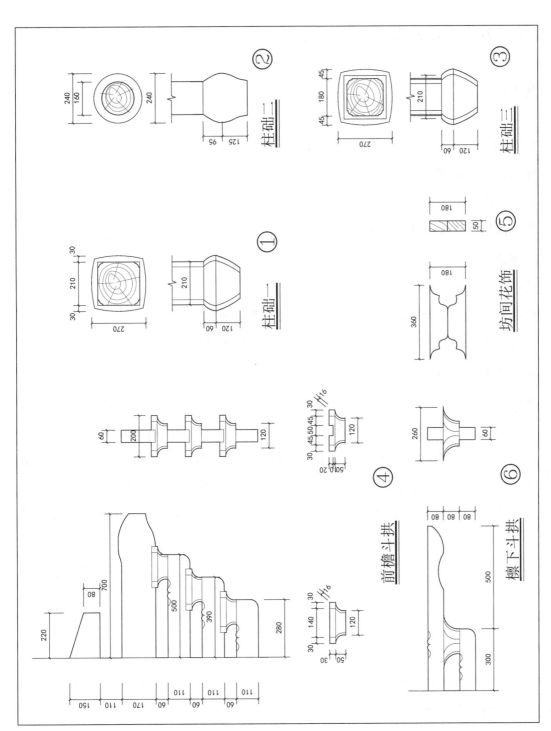

衣锦坊31号花厅院落北端倒座书房花饰详图（二）

七、衣锦坊 31 号花厅院落覆龟亭、东小院、西小院

（一）建筑修缮方案

覆龟亭

1. 台明

残损类型：表面磨损。

修缮方法：清理归安。

参考措施：清理石缝，整体归安。

2. 地面

残损类型：表面磨损、青苔滋生。

修缮方法：取下地砖逐块清理，按原做法重新铺墁。

参考措施：取下地砖逐块清理，替换，按原做法重新铺墁。

3. 木构架

残损类型：开裂、构件缺失。

修缮方法：对开裂构件进行木条嵌缝，补配缺失构件，防虫防腐处理。

参考措施：整体梁架加固，打牮拨正，修补裂缝，缝宽 >0.5 厘米的用木条粘补；深达木心的加箍 1 道 ~ 2 道加固，采用原藤箍做法；开裂严重者予以更换。剔空糟朽，裂缝补配木料或环氧树脂灌缝，柱子表皮糟朽不超过 1/2 柱径采用剔补加固；糟朽严重高度不超过 1/4 柱高的采用墩接；柱心朽空采用灌浆加固，糟朽严重者予以更换。整体组件拨正，完整榫卯彼此归位，榫头折断或糟朽时，应剔除后用新料重新制榫。对缺失构件进行补配，重新油饰。

4. 椽望

残损类型：盐渍泛白、腐朽。

修缮方法：更换糟朽和盐渍泛白的椽子和望板，望板上加铺一层防水卷材。

参考措施：更换糟朽和盐渍泛白的椽望。

5. 装修

残损类型：构件缺失、开裂、歪闪。

修缮方法：加固开裂构件，补配缺失构件，恢复原有美人靠。

参考措施：各组装饰构件整体拆落归正，修补加固各配件，残缺部分按原样补配齐整，不宜整换。

6. 屋面

残损类型：瓦面破损。

修缮方法：重铺瓦面。

参考措施：清理去除水泥修补痕迹，清理瓦面后，添补少量新瓦，重铺瓦面。

东小院

1. 地面

残损类型：表面磨损。

修缮方法：清理归安，恢复完整石条地面。

参考措施：粘补或更换碎裂条石，逐块清理归安。

2. 墙体

残损类型：受潮开裂、滋生青苔。

修缮方法：铲除墙皮，重做面层。

参考措施：铲除原墙面底灰，清理后重做面层，做法按原墙传统面层做法。

3. 建筑

残损类型：滋生青苔、人为改建。

修缮方法：清理砖砌倒角花台。去除北面后砌的水泥洗衣池，恢复石条地面。

参考措施：去除所有新建砖房和简易房，恢复完整的古民居木构架体系，恢复完整的院落格局。

4. 植物

修缮方法：花台上植树一株、高达墙头，予以保留。

西小院

1. 地面

残损类型：表面磨损、碎裂松动。

修缮方法：清理归安，恢复完整石条地面。

参考措施：粘补或更换碎裂条石，逐块清理归安。去除杂草，逐块取出清理，整理地基后重新铺砌，归安。

2. 墙体

残损类型：受潮开裂、滋生青苔。

修缮方法：铲除墙皮，重做面层。

参考措施：铲除原墙面底灰，清理后重做面层，做法按原墙传统面层做法。

3. 建筑

残损类型：滋生青苔、不当改造。

修缮方法：清理维护砖砌倒角花台，去除垒放杂物。

参考措施：去除木构架表面不当添加物（装修物），恢复并修缮原有木构架体系。

4. 植物

修缮方法：花台上植葡萄一株、高达墙头，长势良好，予以保留。

5. 附属文物

残损类型：院内石墩石凳若干、为花厅原物。

修缮方法：清理后另外安置。

（二）修缮设计图纸

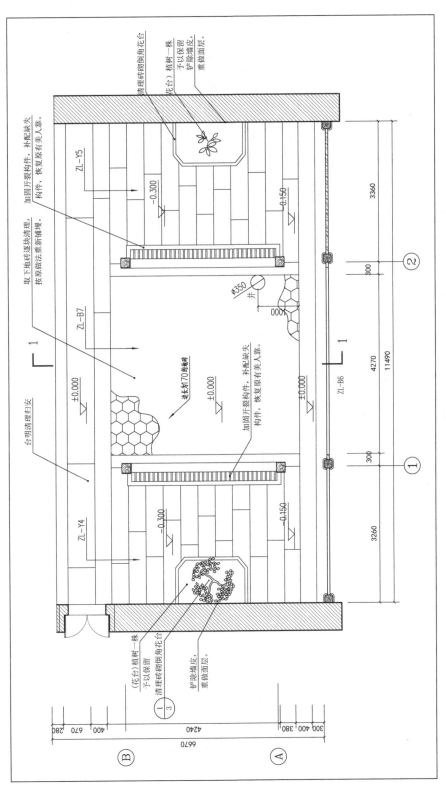

衣锦坊31号花厅院落覆龟亭、东小院、西小院平面图

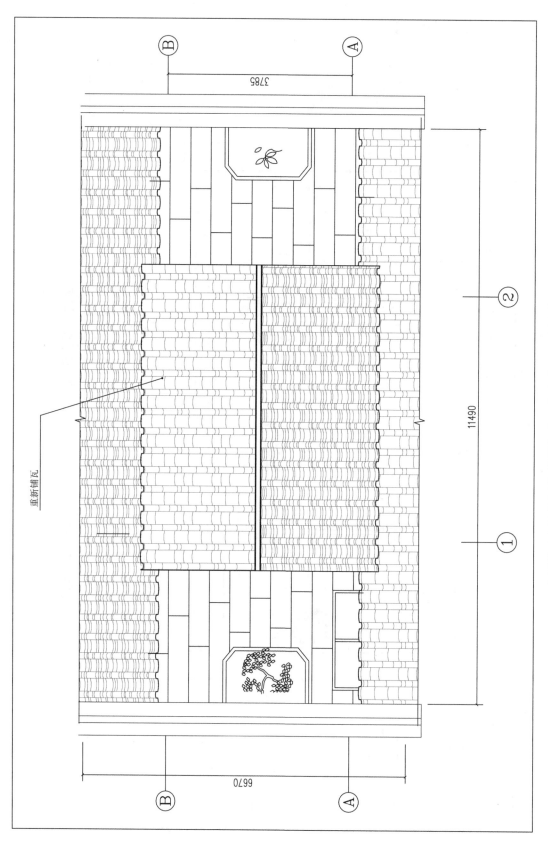

衣锦坊 31 号花厅院落覆龟亭、东小院、西小院屋顶俯视图

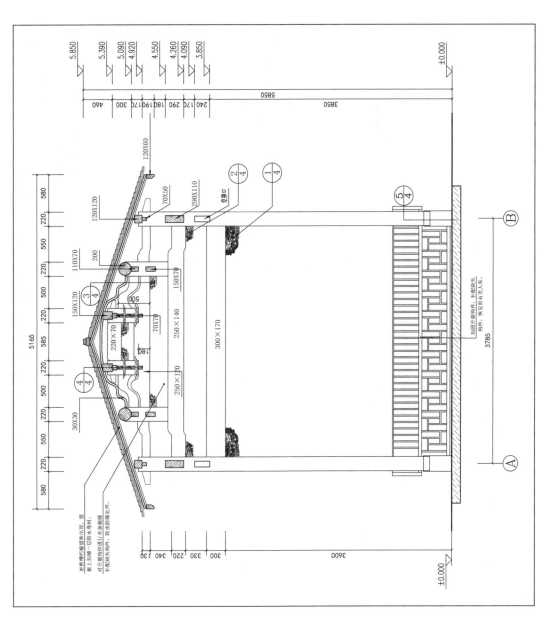

衣锦坊 31 号花厅院落落覆龟亭、东小院、西小院 1—1 剖面图

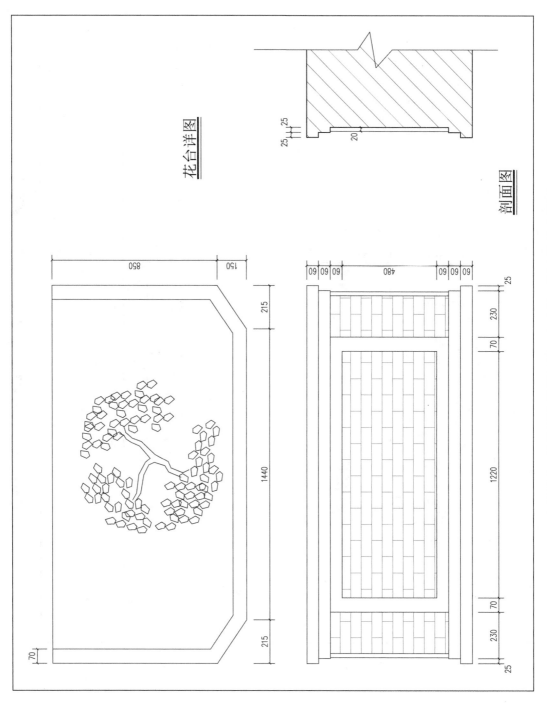

花台详图

剖面图

衣锦坊 31 号花厅院落覆龟亭、东小院、西小院花台详图

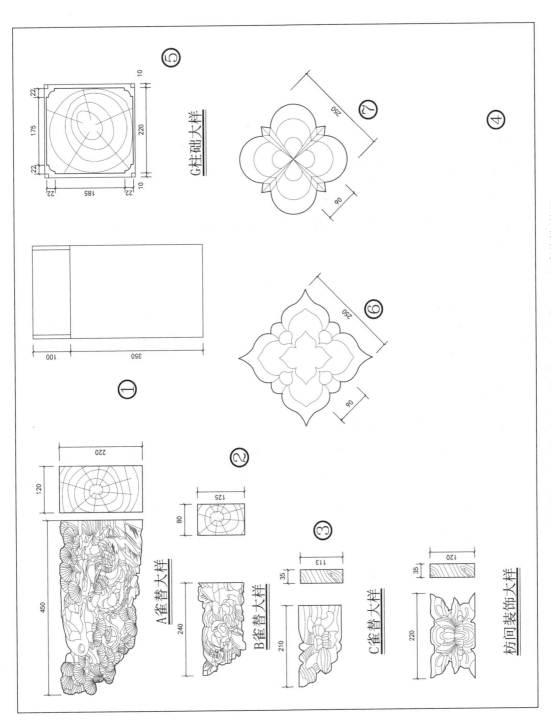

衣锦坊 31 号花厅院落覆龟亭、东小院、西小院花饰详图

八、衣锦坊 31 号花厅院主座、主座后院

（一）建筑修缮方案

主座

1. 台明

残损类型：表面磨损、位移松动、杂草滋生。

修缮方法：清除石缝杂草，归安松动条石。

参考措施：去除杂草，逐块取出清理，整理地基后重新铺砌，归安。

2. 地面

残损类型：地板开裂磨损、龙骨腐朽、人为改造。

修缮方法：更换龙骨，修补更换糟朽木板，重新铺钉架空木地板。

参考措施：去除不当修补物，全部更换地板下木龙骨，修补更换糟朽木板，重新铺钉木地板，尽量选用原木地板。

3. 木构架

残损类型：开裂、虫蛀、连接松弛、人为改造。

修缮方法：梁架归正，适当清理修补糟朽严重的构件，进行防虫防腐处理。

参考措施：整体梁架加固，打牮拨正，修补裂缝，缝宽 >0.5 厘米的用木条粘补；深达木心的加箍 1 道～2 道加固，采用原藤箍做法；开裂严重者予以更换。委托专业公司进行虫蚁病害研究，确定防治方法，对虫害构件进行清理修补加固后，统一做防虫防腐处理。

4. 墙体

残损类型：雨水受潮、起甲空鼓。

修缮方法：铲除墙面底灰，按原做法重做面层。木骨夹泥墙统一按原做法重做。

参考措施：铲除原墙面底灰，清理后重做面层，做法按原墙传统面层做法。按原木骨夹泥墙传统做法新做墙面，填补残缺部分，将梁架墙面补配完整。

5. 椽望

残损类型：雨水糟朽、盐渍泛白。

修缮方法：更换糟朽椽望和吊顶，望板上加铺一层防水卷材。

参考措施：更换糟朽和盐渍泛白的椽望。

6.装修

残损类型：构件缺失、磨损残缺、连接松弛。

修缮方法：拆卸门窗，补配缺失花饰构件，加固榫卯，更换锈蚀门轴五金，做防虫防腐处理。

参考措施：逐扇取下修补，整扇拆落归正，扭闪变形应接缝灌浆粘牢，背面接缝处加钉"L""T"形铁活加固）；边梃抹头劈裂局部朽裂可钉补齐整，严重的应复制更换，背面钉铁活。根据缺失、折断等情况，补配残缺小木棱和装饰件，原样补配完整，不可整换完整。各组装饰构件整体拆落归正，修补加固各配件，残缺部分按原样补配齐整，不宜整换。

7.屋面

残损类型：瓦面破损。

修缮方法：重铺瓦面。

参考措施：清理去除水泥修补痕迹，清理瓦面后，添补少量新瓦，重铺瓦面。

主座后院

1.地面

残损类型：表面磨损、碎裂松动。

修缮方法：局部整理地基，更换碎裂条石，清理归安，恢复完整石条地面。

参考措施：粘补或更换碎裂条石，逐块清理归安。去除杂草，逐块取出清理，整理地基后重新铺砌，归安。

2.墙体

残损类型：受潮开裂、滋生青苔。

修缮方法：保留石墙基，重做白灰面层。

参考措施：铲除原墙面底灰，清理后重做面层，做法按原墙传统面层做法。

3.建筑

残损类型：结构歪闪、木构开裂、糟朽、构件连接松弛。

　　修缮方法：更换严重糟朽的立柱，恢复东厢。西厢梁架整体归正，修复个别糟朽构件。

　　参考措施：剔空糟朽，裂缝补配木料或环氧树脂灌缝，柱子表皮糟朽不超过 1/2 柱径采用剔补加固；糟朽严重高度不超过 1/4 柱高的采用墩接；柱心朽空采用灌浆加固，糟朽严重者予以更换。清除剥落或不当的表面油饰，按原传统做法重新油饰。

（二）修缮设计图纸

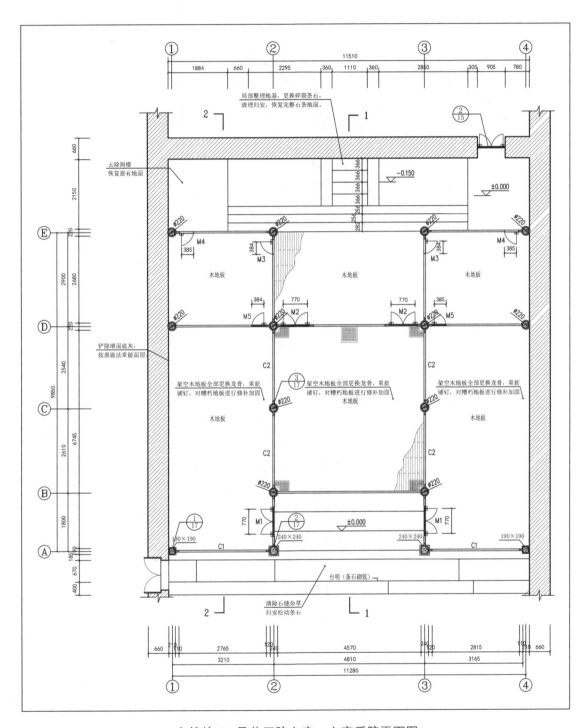

衣锦坊31号花厅院主座、主座后院平面图

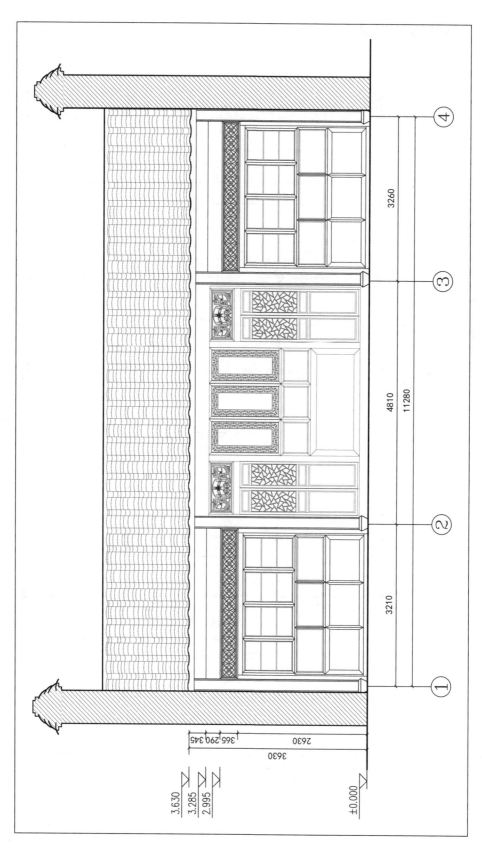

衣锦坊 31 号花厅院主座、主座后院前檐立面图

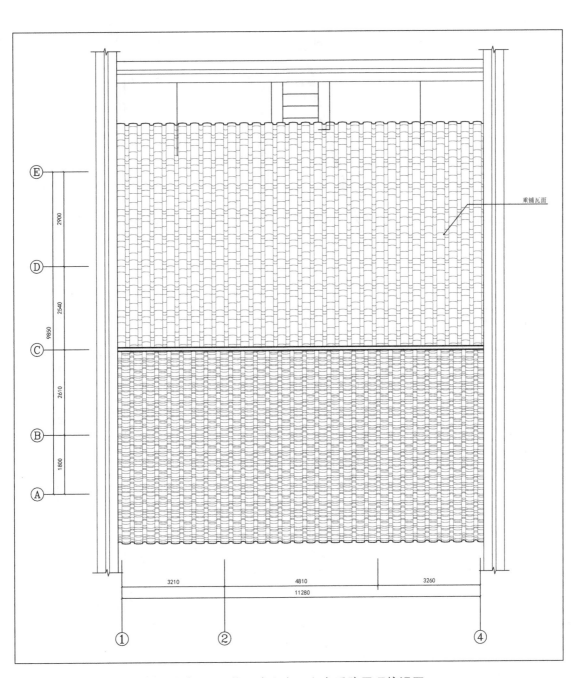

重铺瓦面

衣锦坊31号花厅院主座、主座后院屋顶俯视图

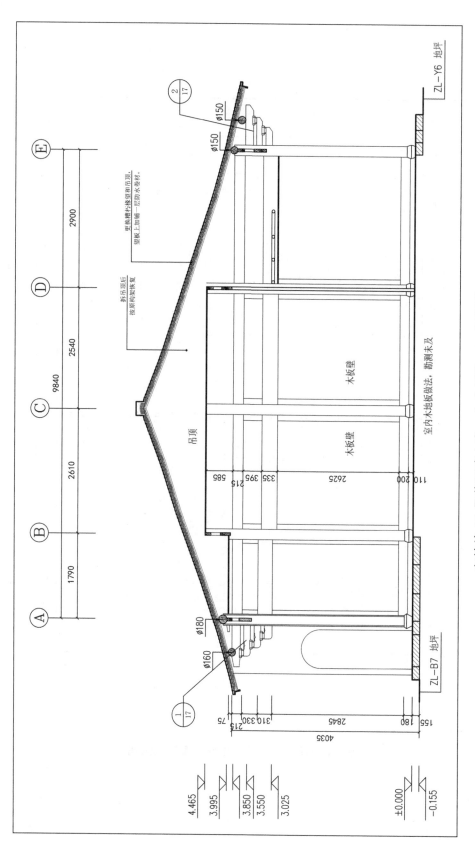

衣锦坊 31 号花厅院主座、主座后院 1-1 剖面图

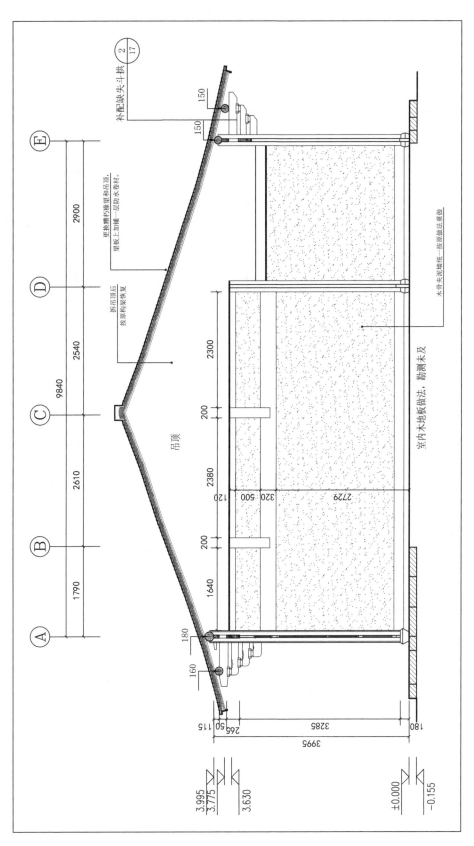

衣锦坊 31 号花厅院主座、主座后院 2-2 剖面图

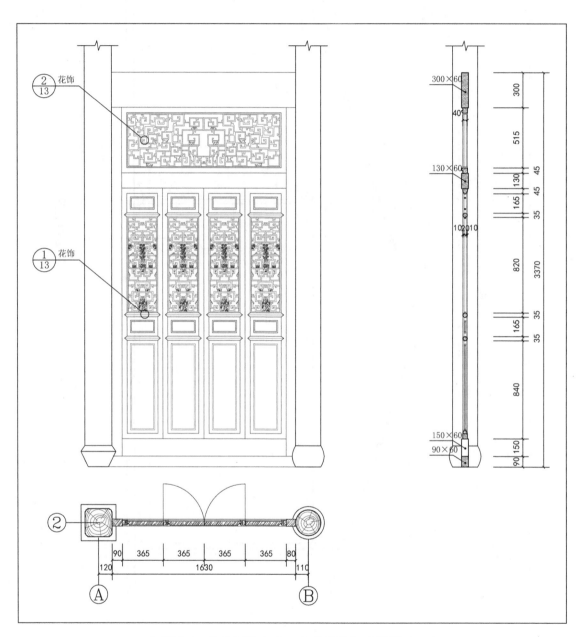

衣锦坊31号花厅院主座、主座后院门窗详图（一）

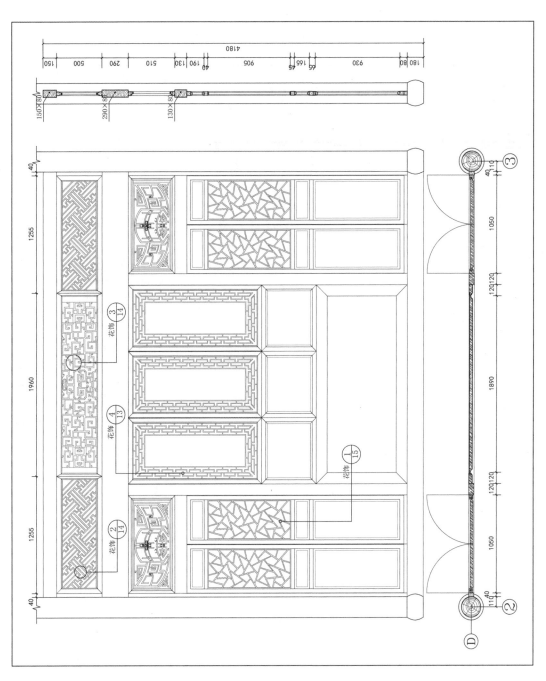

衣锦坊 31 号花厅院主座、主座后院门窗详图（二）

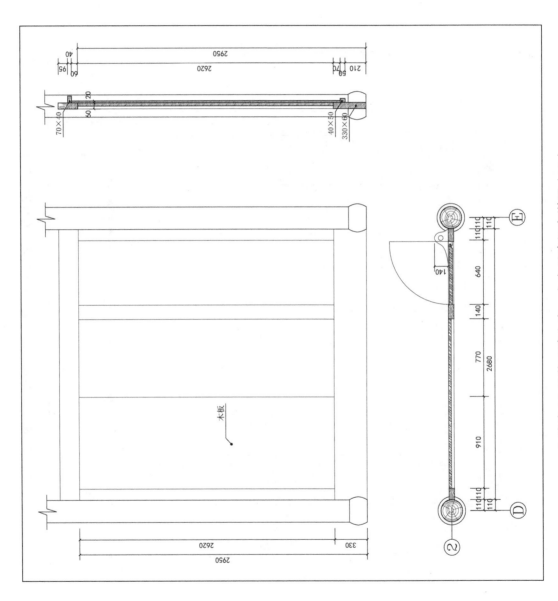

衣锦坊 31 号花厅院主座、主座后院门窗详图（三）

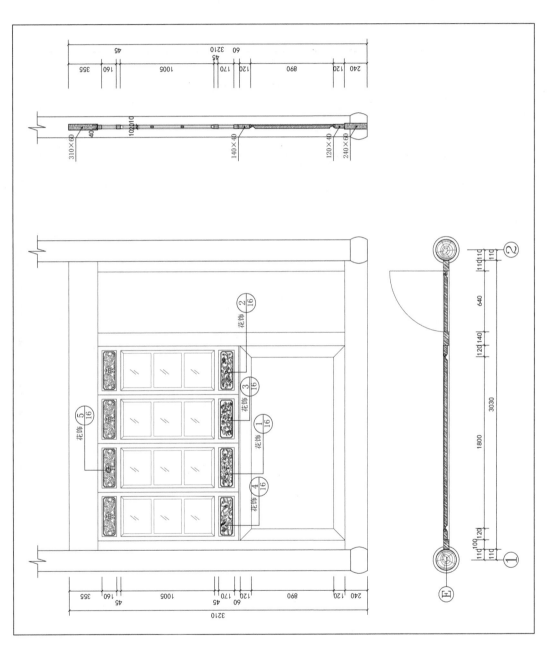

衣锦坊 31 号花厅院主座、主座后院门窗详图（四）

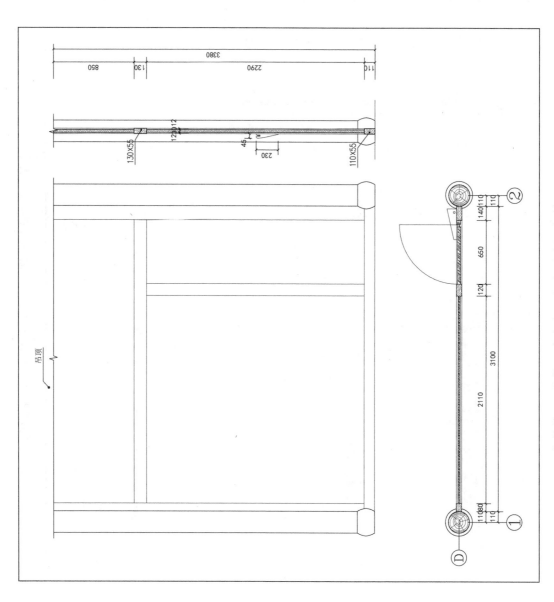

衣锦坊 31 号花厅院主座、主座后院门窗详图（五）

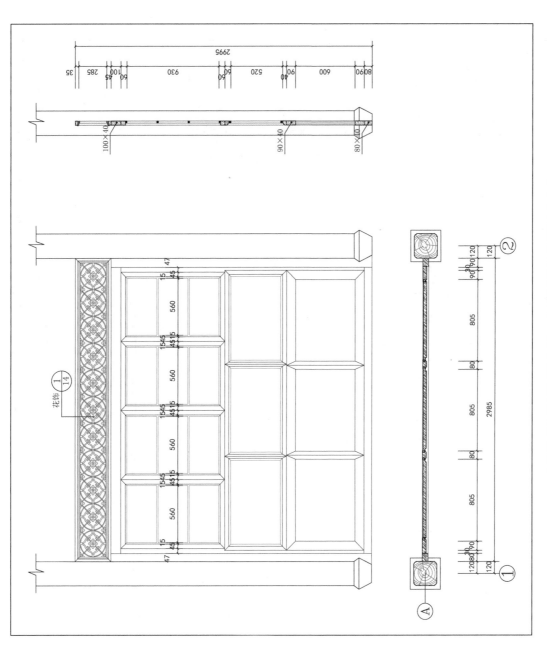

衣锦坊 31 号花厅院主座、主座后院门窗详图（六）

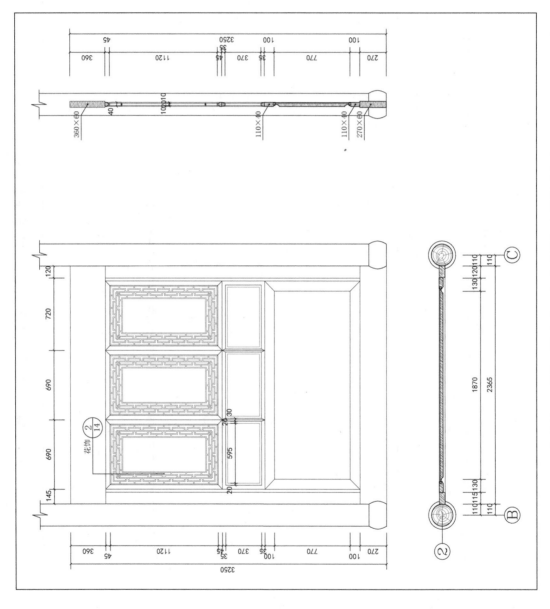

衣锦坊 31 号花厅院主座、主座后院门窗详图（七）

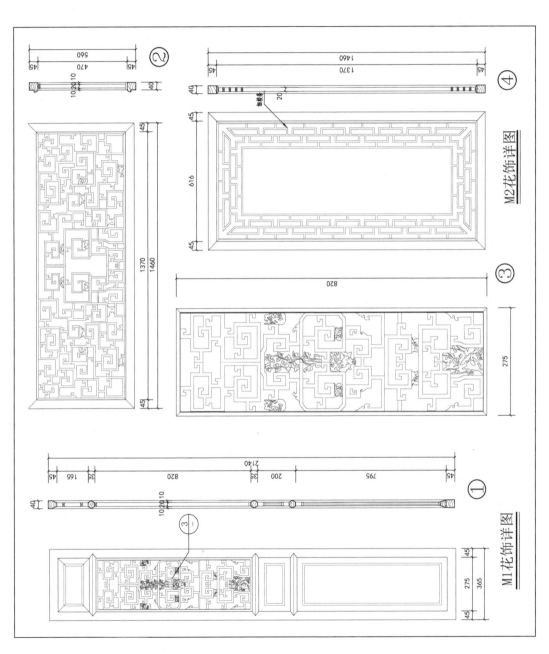

衣锦坊 31 号花厅院主座、主座后院花饰详图（一）

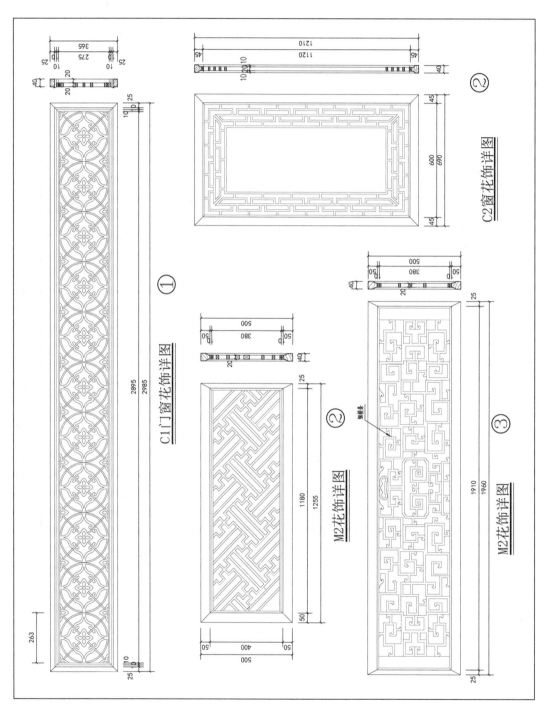

衣锦坊 31 号花厅院主座、主座后院花饰详图（二）

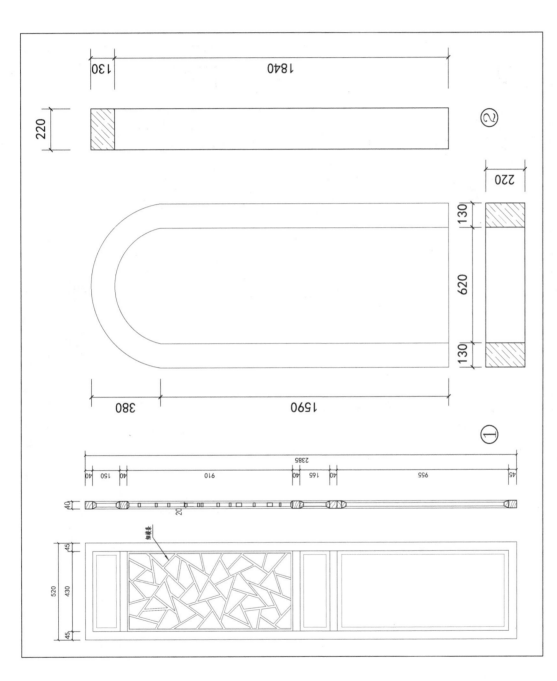

衣锦坊 31 号花厅院主座、主座后院花饰详图（三）

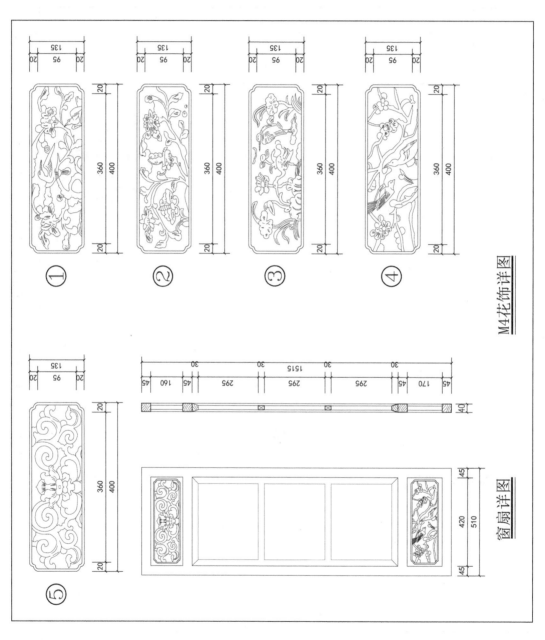

M4花饰详图

窗扇详图

衣锦坊 31 号花厅院主座、主座后院花饰详图（四）

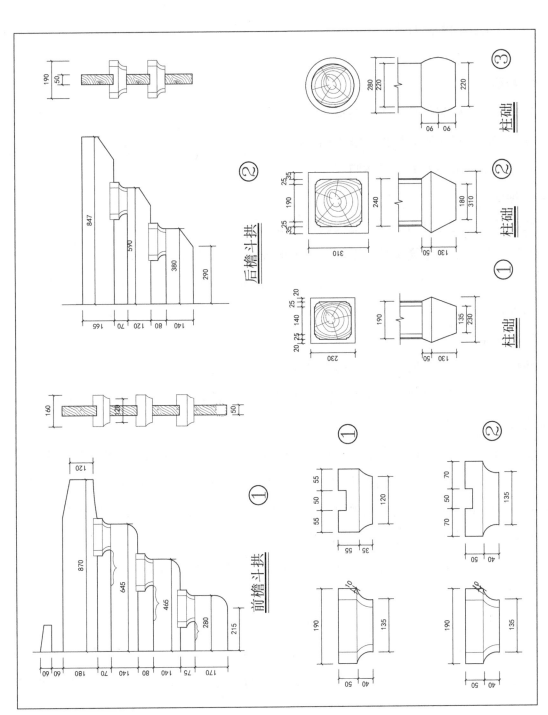

衣锦坊 31 号花厅院主座、主座后院斗拱柱础详图

九、衣锦坊31号花厅院落南端倒座绣房

（一）建筑修缮方案

1. 台明

残损类型：碎裂松动、表面磨损。

修缮方法：更换碎裂构件，清理归安。

参考措施：清理石缝，整体归安。

2. 地面

残损类型：龙骨腐朽折断、地板破损严重。

修缮方法：全部更换龙骨，重新铺钉木地板。

参考措施：全部更换地板下木龙骨，适当清理木地板，补配新料，按原做法重新铺钉木地板。

3. 木构架

残损类型：虫蛀、糟朽开裂、构件歪闪松弛、人为改造。

修缮方法：落架修理，更换严重糟朽构件，修补开裂、糟朽构件。重新补配缺失残损构件，全部做防虫防腐处理。

参考措施：剔空糟朽，裂缝补配木料或环氧树脂灌缝，柱子表皮糟朽不超过1/2柱径采用剔补加固；糟朽严重高度不超过1/4柱高的采用墩接；柱心朽空采用灌浆加固，糟朽严重者予以更换。整体组件拨正，完整榫卯彼此归位，榫头折断或糟朽时，应剔除后用新料重新制榫。对缺失构件进行补配，重新油饰。委托专业公司进行虫蚁病害研究，确定防治方法，对虫害构件进行清理修补加固后，统一做防虫防腐处理。

4. 墙体

残损类型：墙体外闪、空鼓变形、起甲剥落、雨水受潮。

修缮方法：西墙拆除重砌，重做梁架间木骨夹泥墙，所有墙体面层重做。

参考措施：按当地原墙做法，拆除重砌。部分铲除原墙面底灰，按原墙传统做法重做面层。

5. 椽望

残损类型：受潮糟朽、盐渍。

修缮方法：更换糟朽和盐渍泛白的椽子和望板，望板上加铺一层防水卷材。

参考措施：更换糟朽和盐渍泛白的椽望。

6. 装修

（1）明间

残损类型：人为改造、构件缺失、磨损残缺。

修缮方法：修补室内船篷轩吊顶，清理拨正枋间装饰，去除前檐后加门窗，恢复传统式样。

参考措施：各组装饰构件整体拆落归正，修补加固各配件，残缺部分按原样补配齐整，不宜整换。去除后来改造的木制门窗，参照相关位置的遗存，重新设计恢复原传统门窗式样。

（2）东、西次间

残损类型：构件缺失、磨损。

修缮方法：去除现代不当添加物，修补残缺门扇，按原样补配缺失门窗。

参考措施：逐扇取下修补，整扇拆落归正，扭闪变形应接缝灌浆粘牢，背面接缝处加钉"L""T"形铁活加固）；边梃抹头劈裂局部朽裂可钉补齐整，严重的应复制更换，背面钉铁活。彩绘构件进行表面清理，修补起甲开裂部分；油漆剥落构件铲除磨去起甲剥落表面，重新油饰。

7. 屋面

残损类型：少量瓦面碎裂。

修缮方法：重铺瓦面。

参考措施：清理去除水泥修补痕迹，清理瓦面后，添补少量新瓦，重铺瓦面。

（二）修缮设计图纸

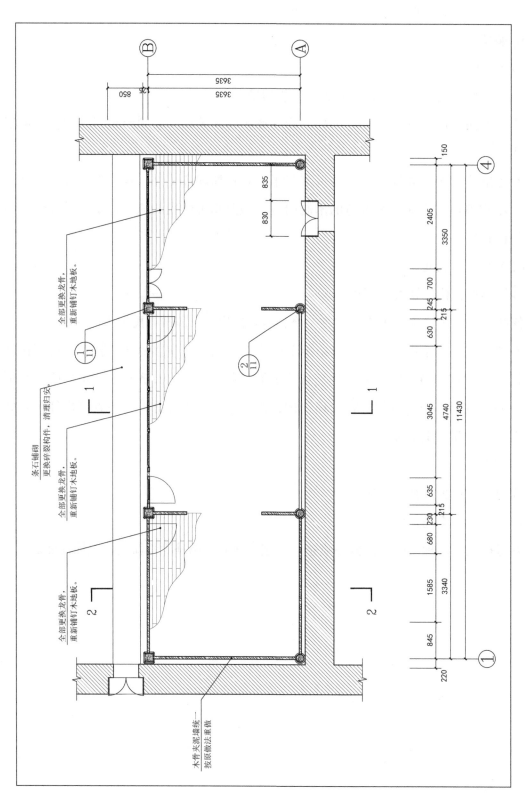

衣锦坊 31 号花厅院落南端倒座绣房平面图

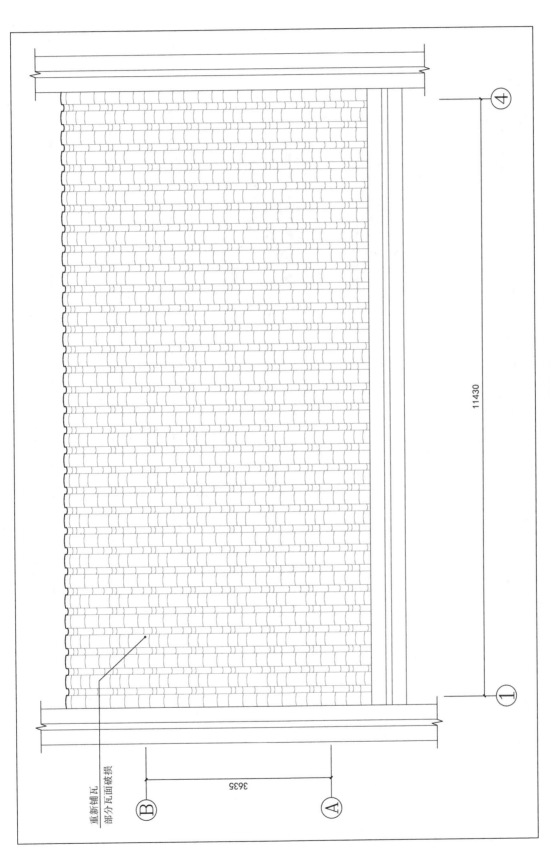

重新铺瓦
部分瓦面破损

3635

11430

衣锦坊31号花厅院落落南端倒座绣房屋顶平面图

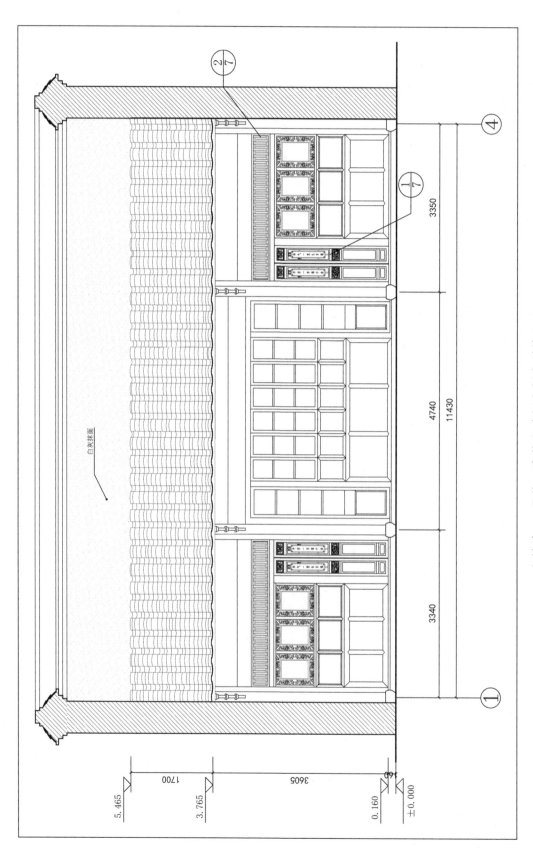

衣锦坊 31 号花厅院落南端倒座绣房前檐立面图

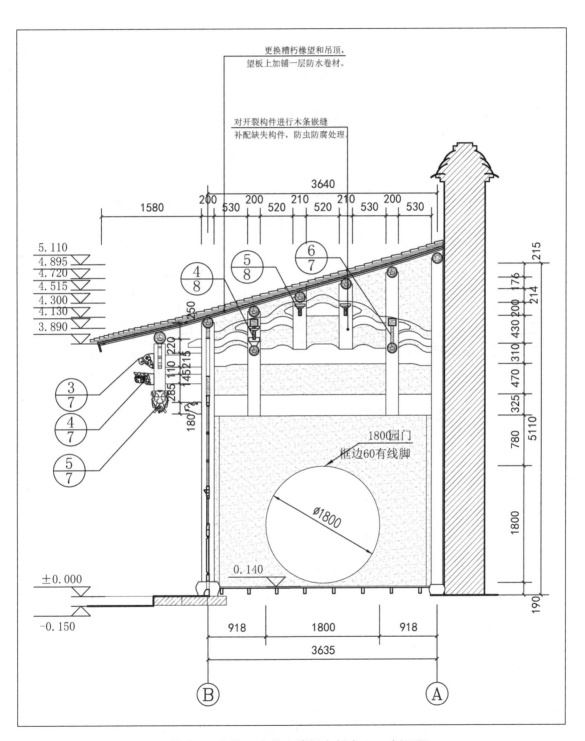

更换糟朽椽望和吊顶，
望板上加铺一层防水卷材。

对开裂构件进行木条嵌缝
补配缺失构件，防虫防腐处理。

1800园门
框边60有线脚

衣锦坊31号花厅院落南端倒座绣房1-1剖面图

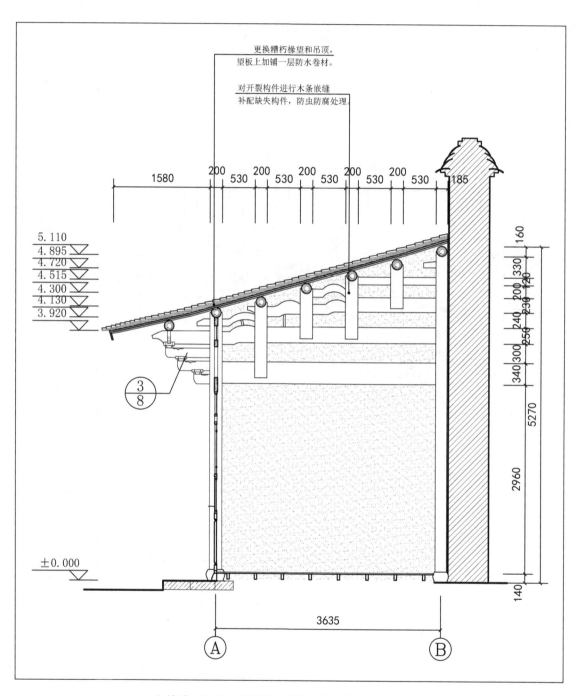

更换糟朽椽望和吊顶，
望板上加铺一层防水卷材。

对开裂构件进行木条嵌缝
补配缺失构件，防虫防腐处理。

衣锦坊 31 号花厅院落南端倒座绣房 2-2 剖面图

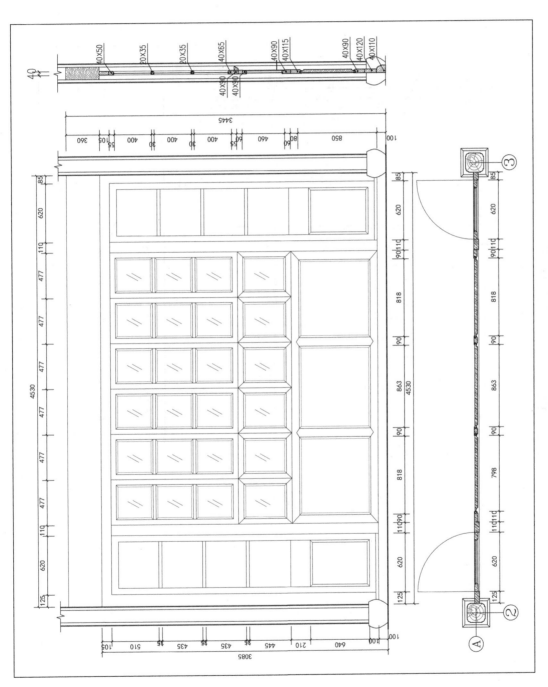

衣锦坊 31 号花厅院落南端倒座绣房门窗详图（一）

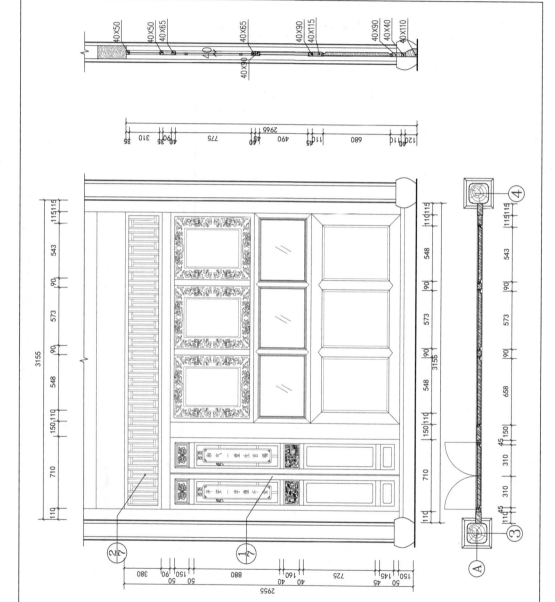

衣锦坊 31 号花厅院落南端倒座绣房门窗详图（二）

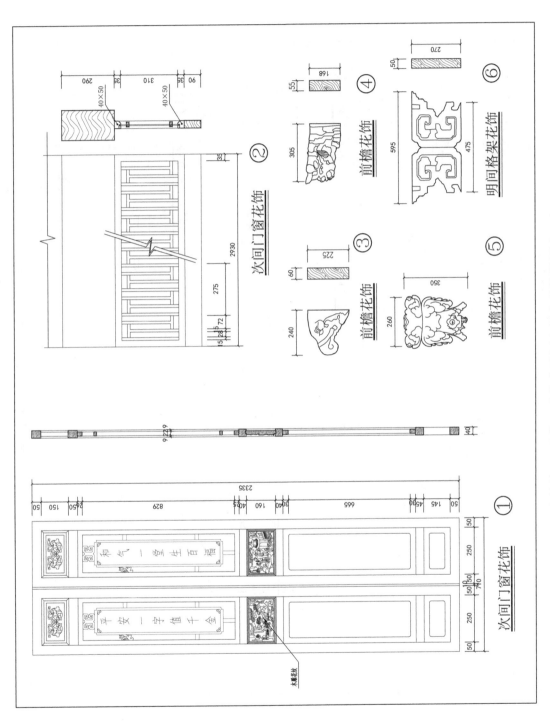

衣锦坊 31 号花厅厅院落南端倒座绣房花饰详图（一）

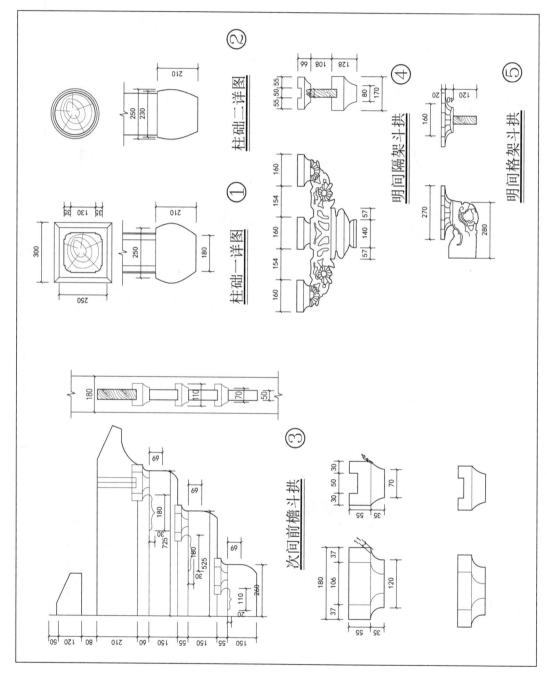

衣锦坊 31 号花厅院落落南端倒座绣房花饰详图（二）

十、衣锦坊 31 号欧阳宅第一院落

1. 地面

残损类型：表面磨损、碎裂、位移松动。

修缮方法：清理归安，更换或粘接加固碎裂条石。

参考措施：粘补或更换碎裂条石，逐块清理归安。

2. 墙体

残损类型：酥碱剥落、空鼓开裂、变形、彩绘脱落、装饰残破。

修缮方法：结构开裂部位拆除重砌，按原做法重做面层。

参考措施：铲除原墙面底灰，清理后重做面层，做法按原墙传统面层做法。松动墙体部分进行局部拆除重砌，铲除底灰，重做面层。按原墙头做法修复残破线脚。

3. 建筑

残损类型：虫蛀、水渍腐朽、顺纹开裂、挠曲变形、错位、连接松弛、脱榫、装饰构件缺失开裂。

修缮方法：去除东廊下加建的砖房。回廊整体构架拨正归安；修补开裂、糟朽构件；补配缺失构件，更换椽望，重铺瓦面。

参考措施：去除所有新建砖房和简易房，恢复完整的古民居木构架体系，恢复完整的院落格局。剔空糟朽，裂缝补配木料或环氧树脂灌缝，柱子表皮糟朽不超过 1/2 柱径采用剔补加固；糟朽严重高度不超过 1/4 柱高的采用墩接；柱心朽空采用灌浆加固，糟朽严重者予以更换。各组装饰构件整体拆落归正，修补加固各配件，残缺部分按原样补配齐整，不宜整换。

（二）修缮设计图纸

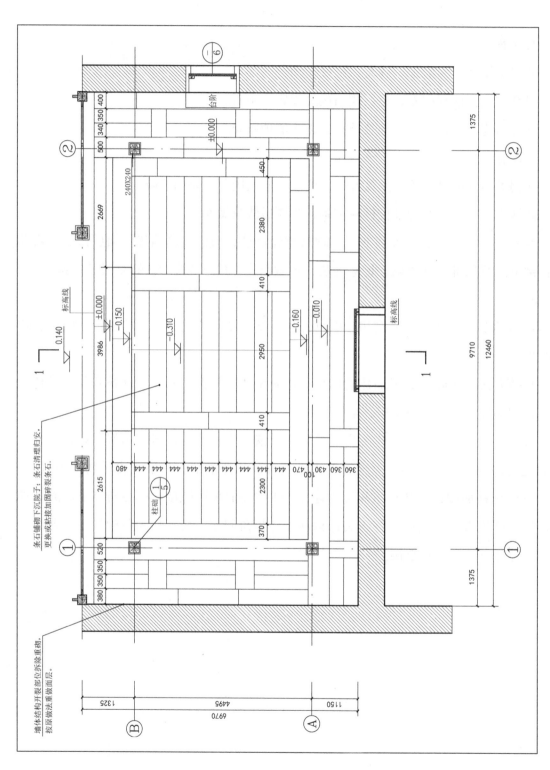

衣锦坊 31 号欧阳宅第一院落平面图

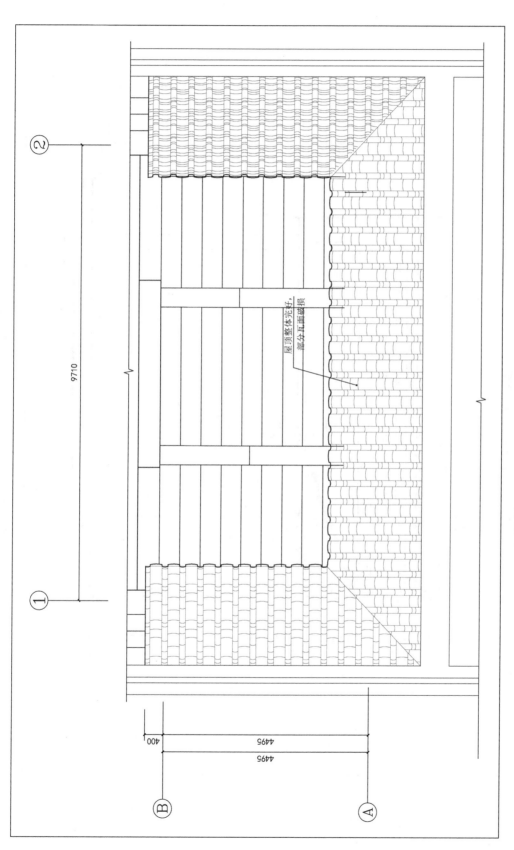

衣锦坊 31 号欧阳宅第一院落屋顶俯视图

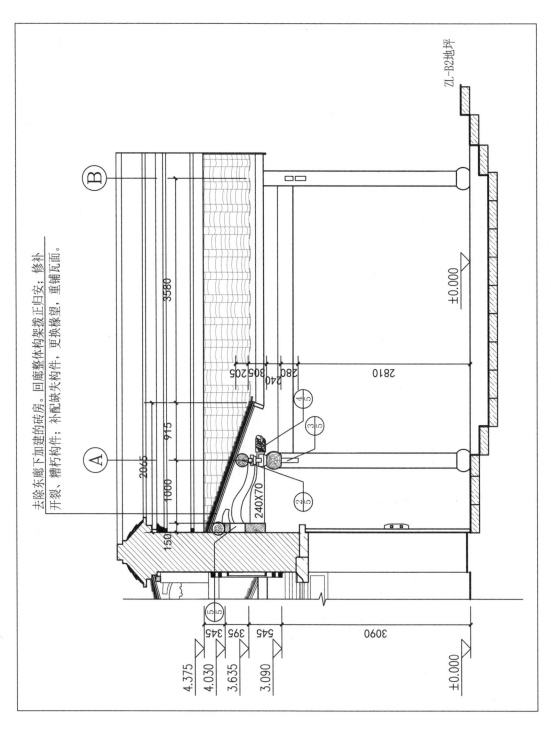

衣锦坊 31 号欧阳宅第第一院落 1—1 剖面图

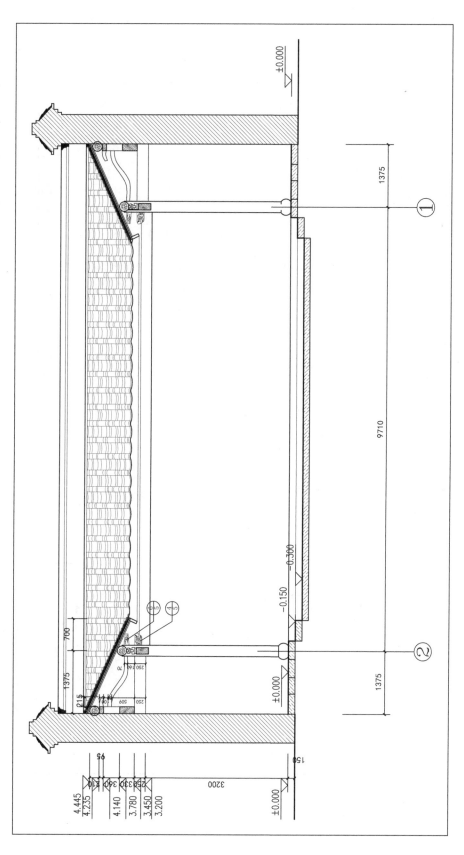

衣锦坊 31 号欧阳宅第一院落 2-2 剖面图

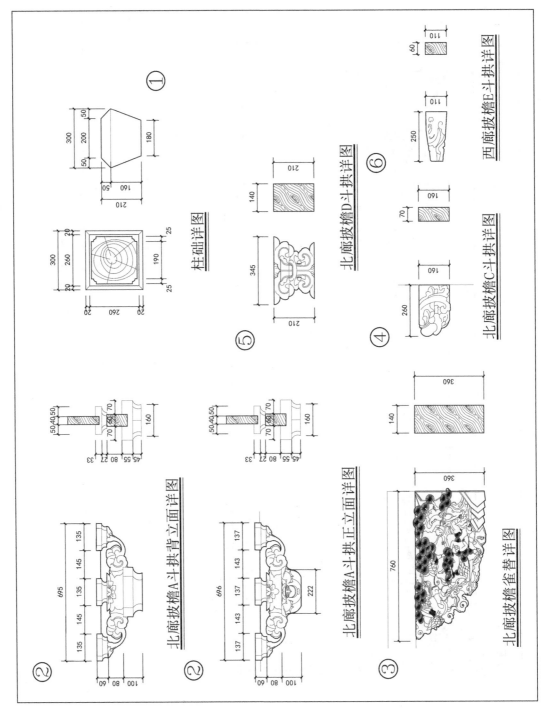

① 柱础详图

② 北廊披檐A斗拱背立面详图

② 北廊披檐A斗拱正立面详图

③ 北廊披檐雀替详图

④ 北廊披檐C斗拱详图

⑤ 北廊披檐D斗拱详图

⑥ 北廊披檐E斗拱详图

西廊披檐E斗拱详图

衣锦坊 31 号欧阳宅第一院落详图

十一、衣锦坊 31 号欧阳宅第二院落

（一）建筑修缮方案

1. 地面

残损类型：表面磨损、下沉松动。

修缮方法：清理归安。

参考措施：粘补或更换碎裂条石，逐块清理归安。

2. 墙体

残损类型：空鼓、墙皮开裂剥落、彩绘脱落、装饰残破。

修缮方法：重做木骨夹泥墙；重做面层。砖体松动部分进行补砌。修补墙头原装饰线脚和图案。

参考措施：铲除原墙面底灰，清理后重做面层，做法按原墙传统面层做法。松动墙体部分进行局部拆除重砌，铲除底灰，重做面层。按原墙头做法修复残破线脚。

3. 建筑

残损类型：糟朽、顺纹开裂、连接松弛、脱榫、装饰构件缺失开裂、盐渍泛白。

修缮方法：拆除后加东厢房，恢复原木构回廊。清除廊下堆放杂物；修补开裂、糟朽构件，归正梁架，补配缺失装饰件，更换糟朽椽望，重铺瓦面。

参考措施：去除所有新建砖房和简易房，恢复完整的古民居木构架体系，恢复完整的院落格局。去除木构架表面不当添加物（装修物），恢复并修缮原有木构架体系。各组装饰构件整体拆落归正，修补加固各配件，残缺部分按原样补配齐整，不宜整换。

4. 附属文物

修缮方法：院西有一水井、井口为钵形、造型古朴，清理。

（二）修缮设计图纸

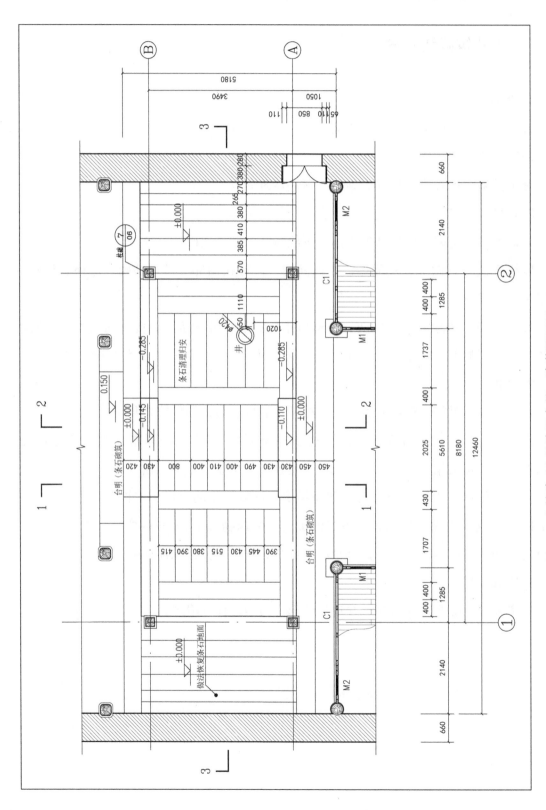

衣锦坊 31 号欧阳宅第二院落平面图

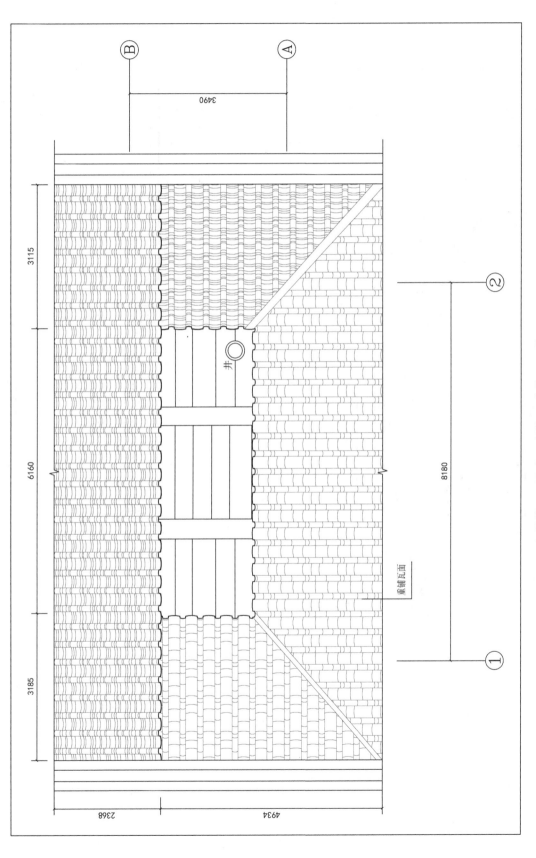

衣锦坊 31 号欧阳宅第二院落屋顶俯视图

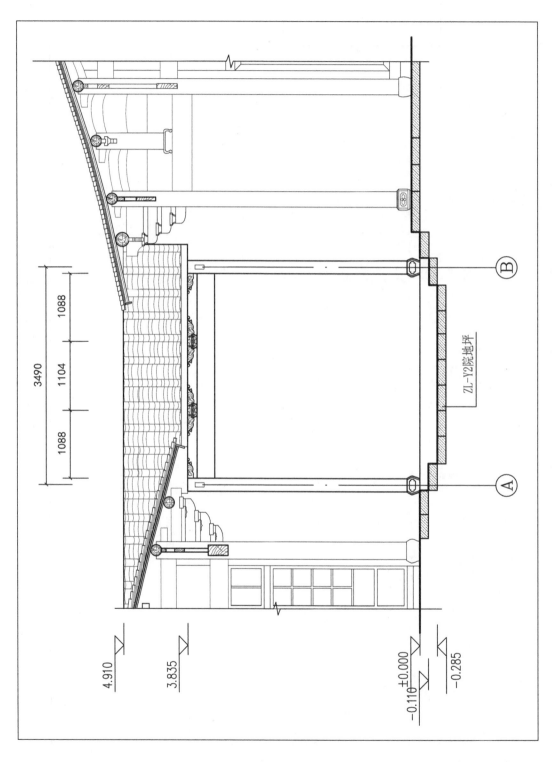

衣锦坊 31 号欧阳宅第二院落 1-1 剖面图

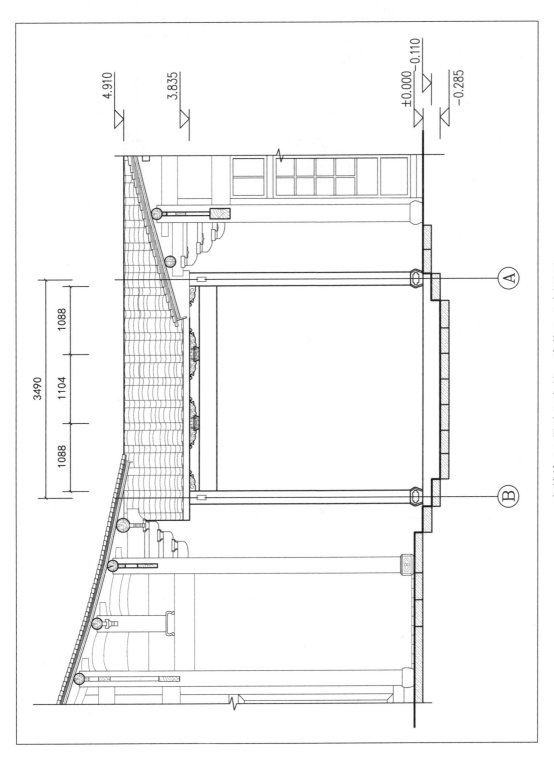

衣锦坊 31 号欧阳宅第二院落 2-2 剖面图

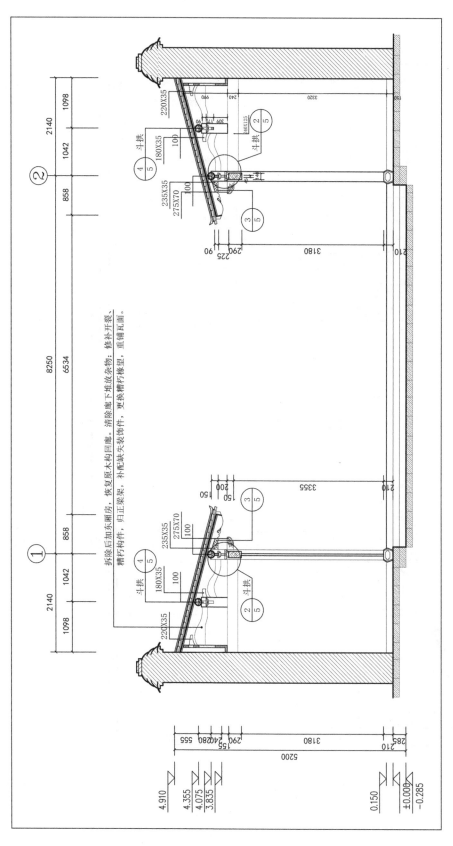

衣锦坊 31 号欧阳宅第二院落 3-3 剖面图

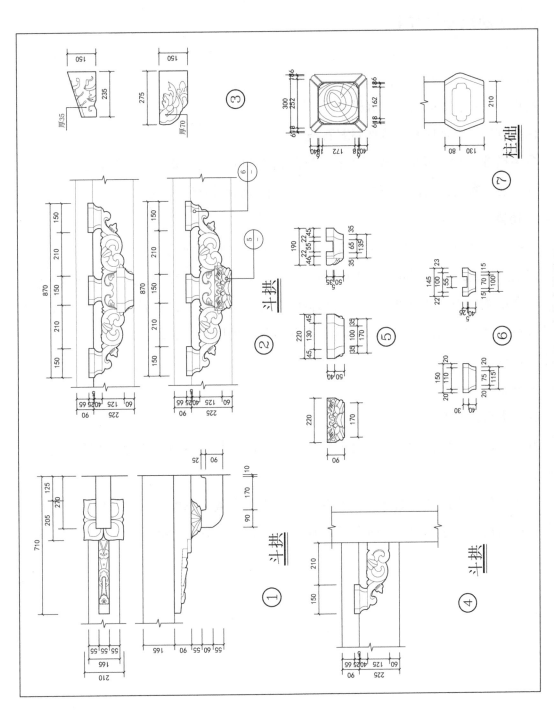

衣锦坊 31 号欧阳宅第二院落大样详图

十二、衣锦坊 31 号欧阳宅第三院落

（一）建筑修缮方案

1. 地面

残损类型：表面磨损，下沉松动。

修缮方法：整理地基，清理归安石条。

参考措施：粘补或更换碎裂条石，逐块清理归安。去除水泥修补痕迹，重新恢复原地面做法，条石进行清理修补或更换，三合土地面按原做法恢复。

2. 墙体

残损类型：空鼓、墙皮开裂剥落、滋生青苔、墙顶人为改造。

修缮方法：铲除墙面底灰，重做面层。去除墙头现代缸砖，恢复原砖檐灰坡顶。

参考措施：松动墙体部分进行局部拆除重砌，铲除底灰，重做面层。按原墙头做法修复残破线脚。去除不当的添加物，拆除后加建的隔墙、砖墙，恢复木构架上原有的木装修构件。

3. 建筑

残损类型：人为改建。

修缮方法：去除院中二处加建砖房，二处水池及其他不当构筑物，去除院内堆积杂物，恢复原石条地面。

参考措施：去除所有新建砖房和简易房，恢复完整的古民居木构架体系，恢复完整的院落格局。去除木构架表面不当添加物（装修物），恢复并修缮原有木构架体系。

（二）修缮设计图纸

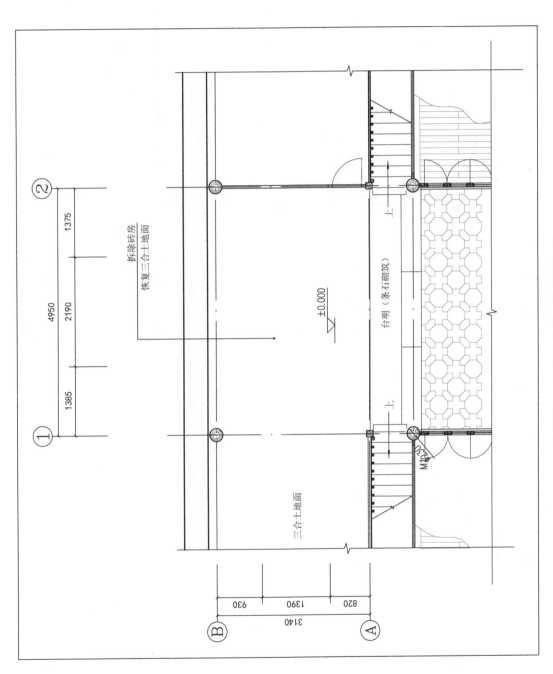

衣锦坊 31 号欧阳宅第三院落平面图

结构开裂部位拆除重砌，
按原做法重做面层。

4950

衣锦坊 31 号欧阳宅第三院落立面图

① ②

十三、衣锦坊 31 号花厅院落南端绣房后院

（一）建筑修缮方案

1. 地面

残损类型：表面磨损、沉降不均、碎裂松动。

修缮方法：去除不当构筑物，重新整理地基，更换碎裂条石，恢复完整石条地面。

参考措施：去除所有新建砖房和简易房，恢复完整的古民居木构架体系，恢复完整的院落格局。粘补或更换碎裂条石，逐块清理归安。去除水泥修补痕迹，重新恢复原地面做法，条石进行清理修补或更换，三合土地面按原做法恢复。

2. 墙体

残损类型：受潮开裂、空鼓、墙面剥蚀、人为改造。

修缮方法：去除墙头杂草，重做后墙面层，去除回廊内白瓷砖贴面，重做面层。西墙整体拆除重砌。

参考措施：按当地原墙做法，拆除重砌。去除不当的添加物，拆除后加建的隔墙、砖墙，恢复木构架上原有的木装修构件。

3. 建筑

残损类型：结构歪闪、木构开裂、糟朽、构件连接松弛、人为改造。

修缮方法：去除廊下所有厨房设备，去除水泥地面，恢复石条地面，去除院内两栋砖房和水池，恢复完整石条地面。

参考措施：去除所有新建砖房和简易房，恢复完整的古民居木构架体系，恢复完整的院落格局。去除不当的现代装修，归正修复原有的木构体系，恢复原有的室内隔扇和门窗装修。

4. 植物

修缮方法：后墙大量盆栽植物，重新安置。

5. 附属文物

残损类型：用作花台、表面磨损严重。

修缮方法：去除上面杂物，清理后归正。

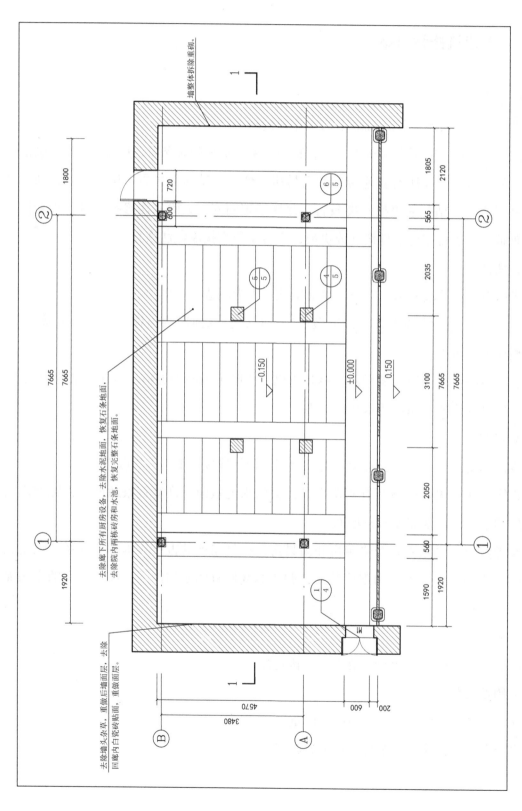

（二）修缮设计图纸

衣锦坊 31 号花厅院落南端绣房后院平面图

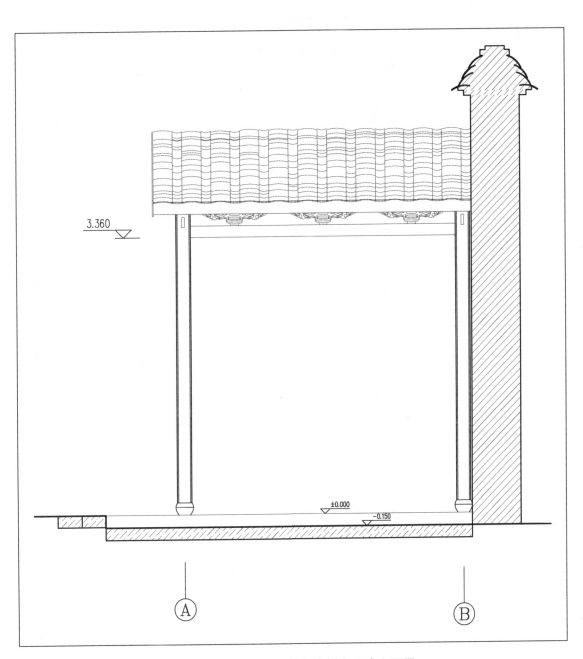

衣锦坊31号花厅院落南端绣房后院立面图

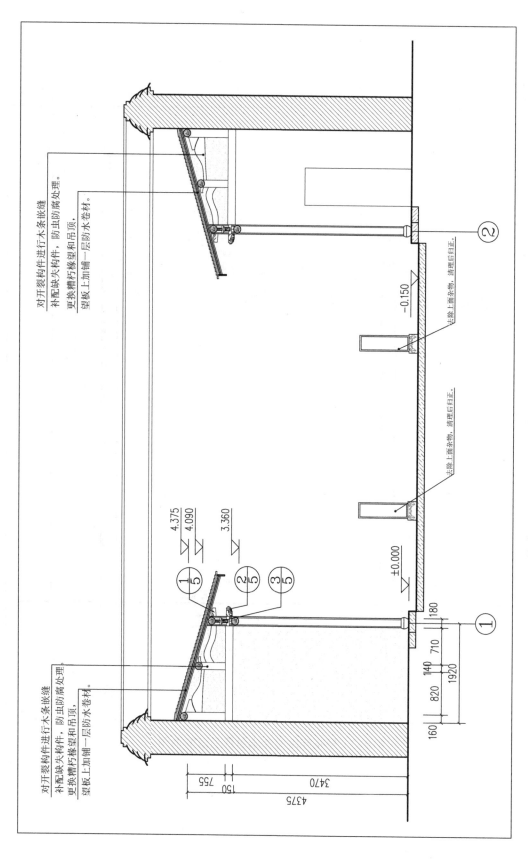

对开裂构件进行木条条嵌缝
补配缺失构件，防虫防腐处理。
更换糟朽椽望和吊顶，
望板上加铺一层防水卷材。

对开裂构件进行木条条嵌缝
补配缺失构件，防虫防腐处理。
更换糟朽椽望和吊顶，
望板上加铺一层防水卷材。

衣锦坊 31 号花厅院落南端绣房后院 1-1 剖面图

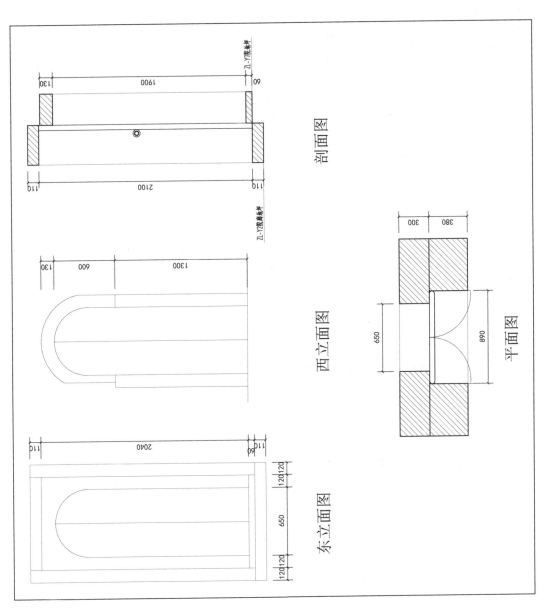

剖面图

西立面图

东立面图

平面图

衣锦坊 31 号花厅院落南端绣房后院 M1 详图

375

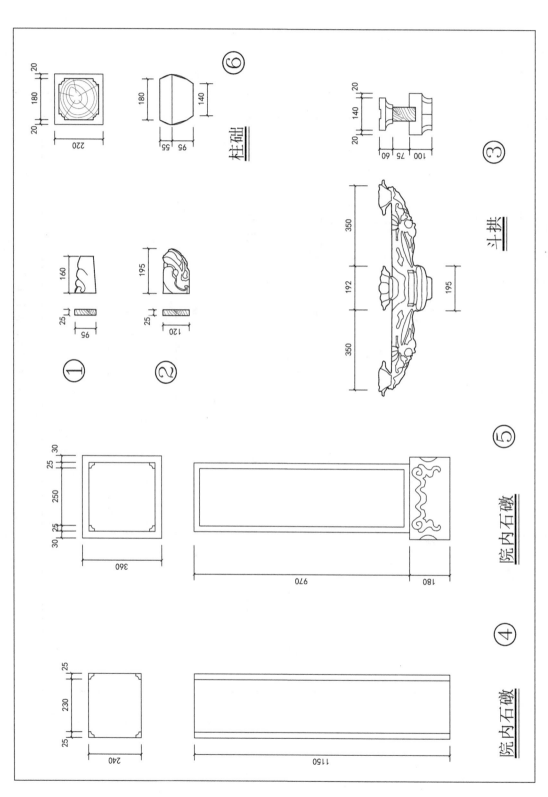

斗拱

柱础

③

①

②

⑥

院内石碢 ⑤

院内石碢 ④

衣锦坊31号花厅院落南端绣房后院详图

后记

　　福州欧阳花厅修缮工程是 2006 年"三坊七巷"历史街区保护整治工作中第一项开展的古建筑勘察修缮工程。虽然时间已经过去了许久，但当时第一次带领清华大学建筑设计院遗产团队进入欧阳花厅古宅时候，记忆依然清晰且难忘。古朴的老宅里面聚集了大大小小的多户人家，屋檐下雕刻精美的大木梁架下，一群忙忙碌碌的身影穿梭往来，金色阳光照在苍老古朴的大木柱，让人产生一种恍惚而沉重的历史感。

　　当时现场测绘大概有二周左右时间，按照要求，除了建筑测绘之外，也对每一处院落及铺装进行测绘记录，对大木架构上的每一处雕刻构件都进行记录。福建省文物局、福州市文物局和福州市规划设计研究院对本次勘察修缮工作给予了大力支持，感谢何经平、常浩、杨勇、林晶等同志大力协助。同时，非常感谢参与此次工程的每一位同事，感谢张红英、杨绪波、刘奇为本次工程付出辛苦的劳动。最后，我要感谢当初指导此项工作的每一位专家，感谢我的导师清华大学吕舟教授，感谢张之平老师、张可贵老师、黄滋老师、韩扬老师、张宪文老师对本次勘察修缮工作的指导。

　　本书虽已付梓，但仍有诸多不足之处。特别是从目前文物修缮工程的要求看，当时的设计方案研究深度仍不足，但是，本着记录福州三坊七巷典型的古民居特色的角度，将此次勘察设计成果整理出版也是我们一直的愿望。再次感谢为本书出版给予帮助和支持的每一位朋友，感谢每一位读者，并期待大家的批评和建议。